THE AMAZING POWER OF DELIBERATE INTENT

学会专注

创造生命的奇迹

[美]埃斯特·希克斯 杰瑞·希克斯 著
邢 鑫 译

光明日报出版社

图书在版编目（CIP）数据

学会专注创造生命的奇迹 / (美) 希克斯 (Hicks,E.)，(美) 希克斯 (Hicks,J.) 著；邢鑫译. -- 北京：光明日报出版社，2015.5

书名原文：The amazing power of deliberate intent

ISBN 978-7-5112-7714-5

Ⅰ.①学… Ⅱ.①希… ②希… ③邢… Ⅲ.①成功心理—通俗读物 Ⅳ.①B848.4-49

中国版本图书馆CIP数据核字(2015)第006132号

版权登记号：01—2014—5693

书　　名：学会专注创造生命的奇迹

著　　者：［美］埃斯特·希克斯 杰瑞·希克斯　　译　　者：邢　鑫

策　　划：双螺旋文化
责任编辑：黄海龙　　责任校对：傅泉泽
装帧设计：Lily　　责任印制：曹　诤
特约编辑：唐　浒　赵　静　　特约技术编辑：张雅琴　沈永勤　杨　骏

出版发行：光明日报出版社
地　　址：北京市东城区珠市口东大街5号，100062
电　　话：010-67078248（咨询），67078870（发行），67078235（邮购）
　　　　　010-63497501、63370061（团购）
传　　真：010-67078227，67078255
网　　址：http://book.gmw.cn
邮　　箱：gmcbs@gmw.cn
法律顾问：北京德恒律师事务所龚柳方律师

印　　刷：北京中印联印务有限公司
装　　订：北京中印联印务有限公司
本书如有破损、缺页、装订错误，请与本社联系调换

开　　本：880×1230mm 1/32
字　　数：175千字　　印　　张：7.875
版　　次：2015年5月第1版　　印　　次：2015年5月第1次印刷
书　　号：ISBN 978-7-5112-7714-5

定　　价：32.00元

写给渴望创造更美好生活的你

虽然本书依然不离文字，但是，你所读到的内容将会极大地开阔你的眼界，带给你全新的美好信念。通过宇宙的自然法则，你的信念将会创造更美好的生活。在这愉快的经历中，你还会发现更多帮你提高人生品质的知识。

希望本书能够成为你永远珍藏的宝藏之一，让它指导你实现梦想。如果你能从中领悟生活的曼妙规律，创造出自己的新生活，那就再好不过了。你将认识到，“真理”乃是长期拥有的信念，而“信念”是一段时间内拥有的思想，你将真正体验到思想的奇异力量。

人生即是一场创造快乐的旅程，不必有所执念。没有什么比保持快乐更重要。

这里，你会拥有无限的爱。

杰瑞·希克斯

目　录

contents

前言 Perface

当学生准备就绪时，老师自会出现

生命中总是充满着奇迹，而我们则不断地追寻着答案。我们总是试图掌控自己的命运，却常常不知从何处着手。我们总试图消灭恐惧，至小者源于我们的身体或身边人，至大者则关乎死亡、国家、世界，乃至渺不可求的外太空生命。

无论我们所畏惧或在意的是什么，本书已将上述问题囊括其中。亚伯拉罕不仅为我们提供了答案，还教给我们简单易行的实践手法，这些足以带领我们走出困境，实现美好生活。

杰瑞和埃斯特夫妇的谈话，扩展了我对生命的看法。我对他们感激不尽，感谢他们投入大量的时间与精力，将这些教诲带到这个世界。从现在开始，让我们扩展自己的眼界。手持本书的这一刻，你就可以感受到上苍深深的祝福。

我熟知亚伯拉罕、杰瑞和埃斯特夫妇已有多年。当我第一次听到亚伯拉罕的教诲时，内心就产生了强烈的共鸣。我想，**这正是一位普度众生的上师**，对其教诲接触得越多，我越是对他拜服得五体投地。

渐渐地，我结识了杰瑞和埃斯特。他们在生活中无时无刻不在践行着亚伯拉罕的教诲，这给我留下了深刻的印象。这是一对快乐的夫妇，生活中的每分每秒都活得异常精彩。他们恩恩爱爱，比很多人更热爱生活。他们的待人接物令人称道，总是面带微笑。看到大家一直接受着美好的生活方式，我的内心也非常快乐。

畅销书作者维尼·戴尔赞誉本书："为人们描绘了生命的蓝图，能使人们更好地理解自身命运，是一本具有里程碑意义的出版物。"这本书能带你更深入地了解自己，助你找回自信。看过这本书，你就会发现，解决生活中经常遭遇的突发情况竟然轻而易举了。

当你逐渐恢复自信时，你会发现，自己可以事事成功。当你学会不再挣扎，进而学会**接纳的艺术**，你会发现，快快乐乐地生活并非遥不可及。

那么，何不像我一样，将本书置于床头，早晚阅读。夜晚你会睡得更香，清晨醒来之际会更加积极，你会感觉到生活无比的美好。

——路易斯·海　畅销书《生命的重建》作者

Introduction > 序

你是否想过，一个人的经历是受到一系列事件影响的结果？

在你美好的回忆中，可曾记得那些特殊的时刻，它们影响了你抱负的实现和财富的获得？

你可曾时常深情地回忆起那些影响你一辈子的书与人，那些决定你的谈吐和让你的思想迸出火花的经历？

这些经历可称为**转折点、十字路口**，抑或是某一时刻的醍醐灌顶……但你可曾意识到它们对你的生活持续而积极的影响？

写这篇序的时候，我正在法国布罗德河与巴尔的摩鸭池之间的一处地方休息。我的夫人埃斯特同我一起参加加州北部阿什维尔的研讨会已有 15 个年头了，这一河边胜地是我们最喜爱的去处之一。春天，我们一起与幼鹅相会；秋天，当天鹅群一起飞向加拿大，我们则穿梭于全国各地。坐在这里，做着自己喜欢的事，实在是人生的一大快事，而我所希望的，就是帮助你更深入地认识真我。

人们常说：**身教胜于言传。**虽然本书依然不离文字，但是，你所读到的内容将会极大地开阔你的眼界，带给你全新的美好信念。通过宇宙的自然法则，你的信念将会创造更美好的生活。在这愉快的经历中，你还会获得更多帮你提高人生品质的知识。

我希望本书能够成为你永远珍藏的宝藏之一，指导你实现梦想。如果你能从本书中领悟生活的曼妙规律，创造出自己的新生活，那就再好不过了。你将认识到“真理”是长期拥有的信念，而“信念”是一段时间内拥有的思想。你将真正体验到思想的奇异力量。

最近，一位成功企业家在被问及何以如此成功时，坦言说：“我一向从宏观角度思考……很早之前，当我思考问题时，我会自问‘为何不从更广阔的角度思考这个问题呢？’”这番话正展示了思想的奇异力量。

多年前，我曾读过一位20世纪的天才写的一些话。他说：“实际上，大部分人至多只发挥了他们实际潜能的1%，在他们的一生中，99%的潜能并未得到开发。”本书将会告诉你如何开发自己的潜能，这将令你一生受用不尽。你可曾意识到，即使是在生命中最快乐的时光，依然还有更多的快乐可以拥有？

正如身体所曾带给你的愉悦，你是否知道它原本可以更加美好呢？当你享受着亲密的人际关系时，你是否意识到，其实还有更多的贵人愿与你结交，进入你生命的历程呢？

通过阅读本书，你很快就会认识自称为“众师之师”的亚伯拉罕。亚伯拉罕被当代的一些智者称为“今日我们星球上最伟大的导师”。当我在20年前遇到亚伯拉罕时，也深深折服于他的点化。我希望能更进一步了解：**如何才能帮助他人取得财富上的成功？**

拿破仑·希尔的经典著作《思考致富》里说道：“财富来得如此迅速，生活如此富足，却令我很怀疑，在那些暗淡无光的日子里，它们到底藏身何处……”

《思考致富》带给了我一直以来梦寐以求的东西。自从在蒙大拿一家小旅馆的咖啡桌上发现此书后，我的生活就开始逐渐好转起来。从在娱乐业谋生到“自由自在地工作”，没几年，我就拥有了上百万美元的资产。对每个愿意聆听的人，我都不断强调：我的成功完全归功于对希尔《思考致富》一书的学习了解。

这些原理实在是太有效了，于是，我开始迫不及待地将《思考致富》作为教程推荐给我熟悉的生意伙伴。然而几年之后，我逐渐发现，只有我的部分“学生”积累了近百万的资产。虽然许多人似乎比从前成熟了些，但也有一些人，不管他们参加了多少次研讨会，也依然毫无变化。

亚伯拉罕如此自我定义：亚伯拉罕并非是与你所感觉的自身相同的单独个体。亚伯拉罕是集体意识体，当你提问时，无数意识开始涌动，却只能从一个角度观察（因为在这里，只有埃斯特可以传达这些信息）。因而，对你来说，我们似乎如一个个体。实际上，我们具有多个层次，多种意识，多个视角。

埃斯特和我都很渴望亚伯拉罕的智慧，更令人惊奇的是，这些知识与我们现有的事业观恰好契合。对我来说，我的目标是寻找易于学习、教授的原理。我曾期望每一个与我接触的人都能够有所受益，我不希望有人因为与我交往而退步；对埃斯特来说，这一切在实践的过程中确实给她带来了很多快乐。

大概十年后，在达成所有的商业目标之后，我开始寻找答案——如何才能更有效地帮助更多人实现他们的愿望。基于这一“请求”，埃斯特和我开始传递亚伯拉罕的教诲。随着时间的流逝，成千上万人通过埃斯特了解了亚伯拉罕智慧。

在结束本序前再说一点：如果你已经读过我们先前写的《有求必应》，你就会知道亚伯拉罕教诲。人生即是一场创造快乐的旅程，不必有所执念。我们有所求仅仅由于我们相信：一旦得到了，我们就会比现在生活得更美好。亚伯拉罕告诉我们：没有什么比保持快乐更重要……

那么，如果我们无所追求，又如何知道我们的生活是否成功呢？亚伯拉罕教导我们：成功并非通过财富或物质来评判，而是由生命之旅中的快乐程度来评判的。

如果你需要一些通过亚伯拉罕教诲而获得成功的例证，只需注意这些人是否真正快乐就够了。我们每个人的所言所行，以及不断的努力，皆是源于对快乐的渴望。

你也许早已发现：财富、健康、良好的人际关系、物质上的成就等并不是快乐的源泉。但你也许会惊讶地认识到：只要积极地发现并保持快乐之旅中的振动平衡，你就会吸引你所渴望得到的、达到的和拥有的，并且会因此而获得快乐。

长达 20 年来，埃斯特和我利用亚伯拉罕的教诲来保持彼此关系的融洽。我们吸引了许多能力出众的员工、商人，还有更多令这项事业愈加兴旺的合作者。

最重要的是，我们变得更快乐。埃斯特和我奔走于各类研讨会，每年巡回六十多个城市，受众成千上万。我们驾驶的爱车叫作“怪兽”，我们怀着感恩之心在其背后印上了：生活多美好！

回想起来，在五岁左右，我就或多或少地萌生了帮助他人更好地生活的愿望，也许你也一样。随着生活的继续，我发现了许多类似的愿望。此刻，我对那些曾对我的快乐生活产生过影响的人们感激不尽。虽然我并未将亚伯拉罕之吸引完全归功于亚伯拉罕的教诲，但他们确实令我受益匪浅。也多亏他们，我们才可以利用不同的方法将心灵的快乐哲学传授给你，我和埃斯特也因此获得了更多的乐趣。

——杰瑞·希克斯

开启专注的奇妙旅程

大家好，我是埃斯特，亚伯拉罕教诲的传达者。我在自己关注的物质世界和他们所关注的精神世界之间架起了桥梁。

他们告诉我，在接触之初就发现，我会是一位特别适合的传送者，因为我没有固执的偏见，所以很少会影响信息的传达。他们说我无所执念，故而不会刻意排斥。大部分时候，我总是既来之，则安之。

亚伯拉罕说，每个人都可以像我一样理解他的理念。正如我们都可以有机会谱出优美的乐章或画出美丽的风景一样，任何人都随时有机会从中受益；正如人们有着各种方式来诠释音乐或艺术一样，理解精神能量的方式同样百态纷呈。因此，我才会将对亚伯拉罕的理解打上亚伯拉罕－希克斯的记号，以此将自己的独特诠释与别人分开。

亚伯拉罕向我建议，在传达之初，我最好不要阅读别人的作品。他们不希望我的传达受到他人观点的影响，他们也不希望我为无意识地从别的书本中吸收知识而担心，他们希望我确信：自己是一位纯粹的诠释者。

这么多年过去了，当我偶尔阅读别人寄给我的材料时，依然会感受到振动的存在或缺失。虽然亚伯拉罕向我保证，今时今日，阅读已不会妨碍我的诠释，但我依然明白，只有在一段时间的调整后，我才可以接续他们纯粹的思想。因此，当人们向我们寄来书本、手稿和各类信息时，我尽量不去阅读，因为我希望可以尽量忠实而清楚地表达亚伯拉罕的思想。

亚伯拉罕逐字逐句地向我解释，我们也会一起讨论。我们发现了解释亚伯拉罕教诲独特而精准的方式。每次话题结束，我们的思路都会更明朗，这条路也越走越宽，越来越清晰。

这种活动简直令我不亦乐乎。当亚伯拉罕与我对话时，我可以感受到他们的爱、力量和愉悦。几乎每天，我们都会收到来自世界各地的邀请，出席亚伯拉罕－希克斯研讨会，我们的日程表也不断增加。所以，到现在为止，除非停下手头的工作，否则我们真的挤不出时间了。

杰瑞和我将不断地举行研讨会视为我们的事业，借此使亚伯拉罕的讯息得以不断传播。面对一屋子接纳的艺术研讨会的参与者，一双双渴望的眼睛，一个个急切的问题，没有什么比这更令人享受其中的了。

人们对亚伯拉罕的各类提问，以及我们个人生活中出现的很多问题，都使得亚伯拉罕的讯息不断清晰和扩大。无论亚伯拉罕提供何种意见，杰瑞和我都尽量理解并付诸实践。在过去的这么多年里，亚伯拉罕为我们提供了诸多方法，他简直有取之不尽的秘诀。他教一个，我就学一个。每当我将其用于生活，收效总是立竿见影。每当我享受着生活的美好，见证着生活中处处令人惊异的奇迹，感受着掌握、创造生活之秘诀的安全感，满足于现有的精彩生活时，我总是希望这一切可以与众人分享。

我们每年举办近六十场研讨会，开着“怪兽”大巴在城市之间来回奔波。在路上，我们不断发现可以悠闲地散步、写作的风景胜地。在风景宜人处，最放松也最易于与亚伯拉罕交流。

我闭上眼睛，全身放松，等待着又一本神奇之书在我面前展开时，亚伯拉罕对我说：“埃斯特，这些文字会非常流畅地涌出来。许多读者阅读了《有求必应》，他们的疑惑也都已经被我们知晓了。因此，虽然这是一本新书，也还是前者的延续，同样会非常顺畅。享受这一过程吧，我们也享受着你的愉悦。现在，让我们开始奇妙旅程！”

——埃斯特·希克斯

第一章

新眼光，新生活

与大多数人的看法相反，地球上的生命其实一直是最优秀的，而且还在不断地向前发展！这一判断不仅源于我们对地球上丰富多彩的生物群落的观察，同样也包含着我们对宇宙法则的理解。据我们所知，万物无不自我发展。

而人们却常常抱怨，认为现在的生活再也没有了从前的乐趣，很多人希望可以回到过去。但是我们从不回头去追寻逝去的美好时光，因为我们知道，**最精彩的瞬间总是在未来等待着我们。**

人们也常常会误解自己在世界中的角色，过于谦卑地认为自己不过是个无足轻重的小人物，只是大世界中渺小的一部分。绝大多数人相信，某种更高形式的存在创造了万物，他们自己只是其中一物，因此微不足道。

在精神层面的更广阔的视野下，我们十分清楚地了解人类的力量、目的与价值、心智与思想。因为我们知道，人类时时刻刻都在思考。我们既理解生活的多样性的价值，各种不幸遭遇存在的意义；我们也知道环境给你带来的种种困惑，以及由此带来的种种遭遇；我们也明白创造的过程，更深知思想的力量。

作为物质的存在，人类并非注定要不断寻找灵魂，因为物质与灵魂并非截然两分。人类是精神能量的延展，亦是天地灵气所聚。人类的使命并非是回归精神，而是不断挑战现实生活。在挑战中，一切不断完善。

你的偏好，你的命运

在生活中，当你意识到自己与环境的种种冲突时，自然会不断作出各种选择。有时候，你意识到了自己的志趣，就会立志；在更多的时候，各类偏好隐藏于你的内心深处，无法用言语表达。偏好存在于人类心灵的诸多层次中，甚至体内的细胞也会有所感知。在周围的环境中，万事万物皆能生发感应，这些感应与偏好都有着令人意想不到的力量。

我们可以说：**有求必应。万物众生，随时有求，随时有应，绝无例外。**

生活经历的变化多端，令人们内心的喜好不断浮现，思想振动汇聚为情感波动，这正是宇宙不断完善的动力所在。

生活的风风雨雨会令你大彻大悟：万物唯心所现，唯识所变。每一偏好皆有所闻、有所回应。你会和我们一样，明白万物皆为圆满。

人是强大的创造者

人的一生，不过是思想、经历与扩展的过程。你不仅是你，因为在意识到你的所欲所求、所作所为之前，你的一切均已成型。你的精神世界不断地扩张，不断享受和接纳新观念，不断与未来的你相融合。

我们希望你能牢记人之所以为人的一切。惟有如此，你才能明白自己为何生于世上，才能从更高的角度俯瞰人生。

人类并非冥顽不灵者，也不是广袤宇宙中微不足道的尘埃，更不是迷失了家园的懵懂小孩——人类是强大的创造者，蕴含着比上千个太阳更大的扩张能量。我们希望你能与自己的意识沟通，这样，你在地球上的时光必将拥有更多的乐趣。

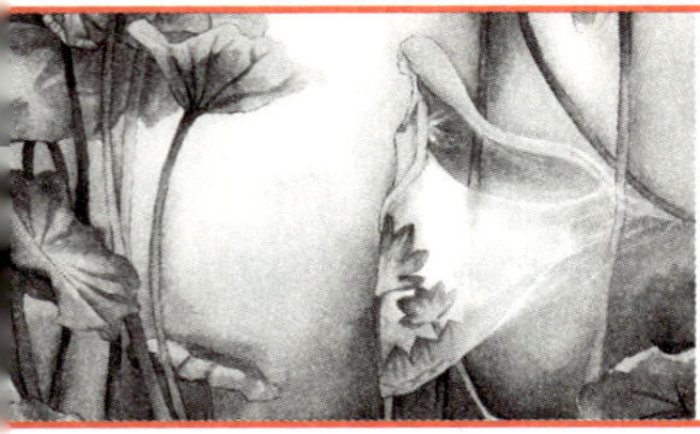

第二章

万物众生，欣欣向荣

我们每代人都从前人的智慧中受益良多。这似乎不言自明，人尽皆知，然而此言此语的内涵却并非一眼便可看透。

当你从吸引力法则的角度思索，意识到万物的存在都是源于对物质世界的关注时，许多你原本想不通的自然也会明白。所有受到瞩目的人、陷于困境的人、曾经祈愿的人，无论是祈求问题的答案、困境的解脱、愿望的实现，这一切都隐藏着生活的秘密。

生活的不如意，激发了你极其丰富的愿望，刺激了全宇宙的能量创造，实际上也推动了你生活的变化。生活的真谛尽在其中！

满足源于自我创造

我们经常提及创造过程以及人类在生活中作为创造者的地位，许多人也注意到了自己的关注点与生活经历之间的关联。全世界越来越多的人在学习自主创造，通过这样有意识地关注，他们感受到了莫大的欢欣满足。

我们乐于看到有人意识到了思想的力量，也因此更加自如地运用这一力量。我们乐于看到有人身处逆境而不放弃，转移注意力去专注于美好之物。他们的心情与吸引点也随之变化，从而能吸引更加美好的事物，这些多么让人欣慰。

自我创造的真谛恰恰在于自主地控制思考，这一过程充满乐趣。病体恢复安康，当浮一大白！财源滚滚来，当浮一大白！命运之线手中握，当浮一大白！

专注力与接纳之术

不久前，我们建议希克斯夫妇将亚伯拉罕－希克斯研讨会的冠名，从“自主创造的科学”变为“接纳的艺术”，因为自主创造并不囿于最后的成果。自主创造的真谛，在于融入愉悦之流以及一切美好之物。

创造，当然意味着渴望之物和优越条件的出现，但过程永远比结果更重要。吸引并拥有一辆豪华名车当然很惬意，所谓生活，正在于让我们轻松地享受这一过程，而并非为结果过分忧愁烦恼。

生活正是如此循环往复：对现有生活不满，因而逐渐明白了内心的真正渴望，然后全身心地投入新生活的念想中，最终过上与现在截然不同的生活。

生活就是不断地憧憬新生活，并不断地为之努力的过程。只有意识到这一点，你才会不断成功。

有意识地掌握振动平衡正是命运独立的体现，也正是接纳的艺术的体现。

学会专注的惊人力量

这本书正是对专注力重要性的理解，它与你生活成功与否息息相关；与此同时，你的能量也应尽量保持平衡，而能量平衡绝不仅仅在于对目标设定或是最终结果的专注上。正是这一区别，催生了《学会专注创造生命的奇迹》一书。

当你理解并有效利用书中提供的方法时，各类目标将更易于实现；同时，你也会更享受这一追求的过程。生活终将会是一段美妙快乐之旅，沿途皆是你希望见到的美丽风景，美好的明天正在等着你，我们还在等什么呢?

第三章

死亦生之始

可惜的是，大部分人并不完全了解真正的自己。他们并不清楚自己从何处来，想往何处去。很多人甚至还根本不了解为何自己会在地球上存在。

现在，我们首先要为每个人提供更全面的图景，解开“我是谁”的疑惑。不用担心，我们非常清楚，这个问题对于你、我，对于我们每一个人都是那么的重要。因为，只有当你记住真正的自己，了解自我生命的来龙去脉之后，你才能迸发自己全部的潜能。

对于理解生命存在的完美形式来说，肉体死亡无疑是个很好的切入点。如果你将“死亡”视为生命的“结束”，这个话题就会显得很奇怪，使得我们无法继续。事实上，我们并不把“死亡”视作一切的结束——因为人之精神，是“永恒”的。

“死亡”并非生命的“结束”，这就如同“出生”并非生命的“初始”——你的精神将永远存在。

当你经历“死亡”时，你的意识将会逐渐与肉体分离，原来专注于物质世界的意识将会重新专注于精神领域。在专注力变化的这一刻，一切负面情感、怀疑、恐惧、憎恶、愤怒，都会烟消云散。就在这难以觉察的一刹那，你会重新回归真我，感受到无比快乐、纯粹，找回积极的自我。当你的意识进入物质体时，只有其中一部分存在于肉体中，当你“肉体死亡”时，那一部分则重新回到了精神领域。

生命是缘

人类对肉体生命的专注，并非是你精神存在中微不足道的一部分。只有当你有意识地专注于现实世界，只有当你富有激情时，你才会满怀憧憬地来到这个世界。你之所以能够积极地生活，是因为：

你知道自己的精神将永恒存在；
你理解自己存在的价值；
你从未怀疑自己的价值；
你完全了解真正的自己；
你明白世界环境不易改变；
你明白生活乃是思想的延展；
你知道愉悦主宰一切；
你知道世界由各类有趣的事情组成；
你理解宇宙的法则与创造的基础；
你清楚地知道自己是大师级的创造者；
你喜欢自主创造的过程，

你知道自己擅长于此；
你理解并欣赏吸引力法则；
你了解它的公平并欣赏其一贯性；
你享受着新愿望的新鲜劲儿；
你希望拥有新视角、新环境，使之能够刺激起你的爱好与愿望；
你理解宇宙对新愿望的回应；
你享受愿望的全身心扩散；
你明白生活的感受；
你不为困境烦扰，因为你明白这种困境存在的意义；
你知道艰难困苦，玉汝于成；
你期望拥有新的愿望，这正是生活的成果之一；
你降生于此并非为了完成特定使命，因为你记得自己的永恒本质；
你知道生命不断地延展，你无须刻意追求；
你明白生命的延展正源于对困境的关注，困境使人向上；
你知道有求必应，因为明白困境的益处，你决不会逃避它；
你知道困境令你决定自己的偏好，无论大小，有求必应。

积极地面对生活的困境吧，只有这样，你才能与真我融为一体。

渴望时生命的动力

我们希望唤醒你曾经的渴望与梦想，这是你来到这个世界的原因。你降生于此，并非为了处理琐事或拯救世界，也并非为了证明自我价值或获得奖励。你降生于此，就已经证明了这一切。你完全了解自己的价值，了解整个物质世界和精神世界。而困境则令你产生新鲜的渴望，所有的渴望集合为能量、意识，并生成新的创造。

你知道自己生活的意义，并且知道要不断创造更多的新生活。

最重要的是，你了解了最根本的存在的意义——快乐！

第四章

人是精神存在的振动延展

每个人似乎都对自己的身体有所了解，实际上并非如此。尽管你可以看到自己的身体（血肉、骨骼），但除了易于感知的身体之外，我们更将你视为一种意识、振动、能量源的流动之体。

作为振动与能量存在的你，远比肉身更重要。只有当你理解了作为振动存在的自己，你才会承认作为振动能量连续体的真我。只有认识到这一点，你才能有所作为。当许多人被要求视自己为振动或能量时，常常会摸不着头脑，因为他们只观察到了这类振动的物质呈现。当观察这个世界及其各类特征时，你很容易被物质表象迷惑，所以才会对振动之于能量的存在将信将疑。

情绪是人生的指南

每个人自出生起就有一套精确而富有智慧的振动译解系统，大部分人对此浑然不知。其实，你每天都在用它观察世界。因为这是一个振动世界，你的所有感知依赖于对振动的译解。

通过眼睛的译解，人方能眼观六路；
通过耳朵的译解，人方能耳听八方；
通过鼻子的译解，人方能闻香知臭；
通过皮肤的译解，人方能感知冷暖；
通过舌头的译解，人方能遍尝百味。
通过情感的译解，人方能明白“精神永存并与肉体存在紧密相连”。

人们的情绪，无时无刻不在指示物质存在与精神存在之间的振动关系，这一关系对我们的人生至关重要。只有理解了自己的情绪和心境，我们的生活才能不断向上。情绪，是人生的指南，亦是生活最好的老师。

接天通地，自然之我

通过专注力及其实践，你可以与精神自我保持长久的振动契合。有意识地追求与本源能量振动契合的行为，我们称之为“接纳之术”。接纳之术可以让每个人不断地趋向圆满。

一旦你融会贯通，学会接纳之术，你会更加富有激情、活力，而且充满信心；**你将在创造中成就自我。这是最富有前途和创造性的生活，也是最自然的生活状态。**

只有通过振动契合，你才能与真我合为一体。这就类似于振动信号匹配的过程，就好比你将收音机调到特定的波段，才能收听自己喜爱的节目。你如果想听 FM187，当然就需要调到 FM187，为了更清晰地接收信息，波段必须相匹配。

每一种状态，每一个事件，每一次相遇，
都源于你的沉思、回忆、观察、展望乃至想象，
生活的未来源于现在的思考。

你的身体无法直接告诉你振动的频率，但是你的情绪却有这一功能。**当你关注自己的情绪时，就会自然地感受到与本源的振动契合。**

第五章

你来到世上，书写自己的人生

当意识到有形的存在（躯体上的你）与“永恒精神意识”（真我）存在的联系时，你便知晓了自己来到这个物质世界的缘由。

肉体的出生并不标志着你的开始，而是标志着真我在延续。意识到你的延续性，你便向一段完满富足的生命体验迈出了至关重要的一步。

要想拥有一段富足的物质生命体验，还取决于另一个重要的因素：你要意识到自己的价值。只有通过与精神的自我建立起实际的**联系，**你才能收获这种意识，进而充分利用它；只有真正感受到真我的存在，有意建立起与真我的契合，你才能自如地运用它。

当人们无法与“精神的自我”、“意识”或是“能量本源”产生契合时，空虚感就会出现，这些都是真我的体现。人们会试图用多种方式填补这种空虚感，有人开始寻求他人的认同；有人为了寻求这种认同，屈从他人的规则或指示，并试图改变自己的生活方式；也有人拼命工作，努力使自己的表现超越周围的人。然而，与真我产生契合是无可取代的，无论什么活动都无法取代这种满足感。

和真我保持契合

契合非常重要，它维系着现实的你和真我之间的延续性。你是否与内在完整的自己产生**联系**，将直接影响到你生命中的每一刻。

一旦你理解了真我，有意识地努力获取并维持与真我的契合，生命中的一切事物便开始渐入有序的佳境。然而，如果你不去呵护这种**联系**，你所做的任何事都不能填补这个空洞，也无法取代这种契合。

有时，契合会因你观察到一些其他的美好事物和你周围人的影响——而他们正在经历着自己的契合。有时，或许因对一些事物的欣赏，你会毫无知觉，跌绊着误入这种契合；然而，清醒地意识到这种契合的价值，并明白如何去获取、维系这种价值，才是最佳的生命体验，我们称之为**“自主创造”**。

内在自我与情感引导系统

情感引导系统，指你认识到自己此刻正在发出的振动频率与内在自我发射的振动频率存在差异。当你理解了自己与真我之间存在延续性，就理解了这一点。

你是你能量本源的延伸。当你以思想的优势专注一件事物时，就会发射一个振动频率。这一频率与你的内在自我看待这件事物的频率或一致，或不一致。

例如，你今天在工作时犯了一个错误，你发现了自己的错误，然后改正了，但紧接着，你开始轻视自己，甚至为此而自责。你把自己犯错误这件事当作了拒绝善待自己的理由，由此，你偏离了内在自我所喜爱的频率。但是，**在任何情况下，你的精神自我对于真实的你的爱与欣赏都不会有丝毫减少。**

一旦能分辨契合或不契合的感觉，你就可以开始有效地利用情感引导系统了。

此刻你可以说：

我正在（与我的力量之源）产生/失去契合；
我正在（与我的力量之源）产生/失去联系；
我正在拥抱/拒绝（我的力量之源）。

是否能有意识地认识到这种感受是惟一真实可靠的指标，标志着你是否接纳完整的自己在此刻展现。尽管别人会激励或影响你，但你绝不能以别人的影响“作为自己**联系**的指示”。外界因素非常多，你绝不能依靠它们来维持与“你”的**联系。**

感受能量平衡状态

掌握你与力量本源之间的“振动关系”，对于你的幸福生活以及自主创造至关重要。真正的**自主联系，**是感知到你此刻拥有的思想振动与内在自我拥有的思想振动频率相匹配。当你能够有意识地感知两个振动源之间的不和或一致，你便能清醒地意识到自己的**“情感引导系统”。**

主动接近一些思想，促使两个振动源频率一致，是**能量平衡**的真正意义。当你和真我保持一致，就与能量保持了平衡，于是，你与真实自我的力量产生了契合，这种契合无可取代。

在能量平衡的状态下，你经历着清新、活力、热情、健康、富足和一切美好的事物，以及无限的幸福，**这便是真我的真实状态。**

第六章

创造思维的吸引力

尽管你可能没有完全明白自己的振动本质，但你确实是一个生活在振动宇宙中的生物。你要知道，万物都在振动！

当你将注意力集中于某些事物上——一个想法、一段记忆、你所看到的一幕场景，或是一个梦想，你就是在激活一种振动。你的专注导致了这种振动，那么，振动的内容就是你的吸引点。**无论何时，当你思考某件事情时，这个振动内容便成为你振动本质的活跃部分——就像启动引擎。于是，你关注的事物开始向你靠近。**

大多数人都没能意识到：当我们开始思考某一件事时，正是在召唤并吸引“这件事”来到我们的生命中。其实，你来到这个世上，只要你相信自己有专注的能力，就已经理解了宇宙的振动本质。

知晓世界的振动本质令人既感到安慰又欣喜。“感到安慰”是因为你知道，没有事物会不请自来，因而你也无所畏惧；“感到欣喜”是因为你可以吸引任何你想要的东西靠近自己，然后愉快地享有它。

当你意识到自己是来到生命中的所有事物的振动吸引者，并且可以控制它们的到来，你的世界就会出现新的“地平线”——我们的世界将从此不同！从现在开始，我们不必在一个保守的立场上禁锢生命——因为没有任何不受欢迎的事物能强行闯入到你的生命中！**你是你个人经历的惟一创造者，除你之外，没人能够控制你的生命！这将是多么的美好和神奇！**

强大、普适的吸引力法则

万有引力法则对星球上的所有**有形物体**产生着永恒的作用；同理，**吸引力法则**对所有的**振动**产生着永恒的作用。每种思想的投射，无论专注于过去、现在还是将来，都是一种振动，都有着吸引的力量。每种思想都会发射一种信号，如同广播信号，使得吸引力法则能够识别并与其匹配。这一强大、永恒的吸引力法则，对你发射的所有振动都给予恒定的，而非任意的、不稳定的回应。它是永恒的、公正的，它有求必应，强大无比——它是自主创造者最好的伙伴。意识到吸引力法则的强大和永恒，理解如何将它与情感引导系统相配合，这将使你处于创造美好生活的崇高位置。

刻意选择你所关注的事物，利用情感引导系统提炼出你所关注的细节，会使你成为强大的自主创造者，你的人生会充满自主的意志。当你看到即将发生之事的光明面时，就能将强大的自主力量施加在美好的人生体验中。

你的人生经历独一无二

尽管你可能会认识一些和你有类似经历的人，但你的人生体验是

独一无二的。当你的内在世界与外在世界相互作用时，经历着周围的变化和对比，你会时刻自行明确个人偏好。当你站在独一无二的优势角度，独特的偏好和愿望会在你的体内爆发，继而发射出振动信号。这些振动会通过吸引力法则，召集与它们相匹配的振动。你的全部（你内在自我和力量之源的全部）都会经历这一过程的拓展。

精神的你陶醉于拓展的巨大欣喜之中。没有什么物质的愉悦能比意识到这种优势的体验更为直接。

我们之所以写这本书，是因为我们希望你能直接感受到这种优势。**我们希望你能体验到这种思想优势的无限欣喜，完整地感知其流经你的生命……**

后人会从你所发射的愿望和吸引力中受益——**但我们希望你先从中受益——就在此时、就在此处！**

第七章

你时刻流露所思所想的本质

当你开始理解思想的振动本质，以及吸引力法则如何对其产生回应，你便开始明白，自己才是现实的“创造者”——那些来到你生命中的每件事，都是对你思想专注的回应。但是，在懂得思想的振动本质并发现识别它们的方法之前，你无法自主控制自己的人生经历。

自主创造不仅仅是主动选择一件事物并专注其中。有时，**主动选择关注的事物是好事，但是，你必须同时感受到思想的振动内涵，这样你才能真正自主控制自己的创造性。**比如，你会专注于经济的富足，这一事物也有着极大的可变性。它的一极，是经济富足的存在；而它的另一极，是经济富足的缺失。每种事物又可视为两种新的事物：你期望得到的事物和你期望之事物的匮乏。

每种事物都有一个可变的频率范围

当你对朋友说，“你得到了你想要的”，有时他们会感到困惑。因为他们认为，他们“想要的”是更多的金钱、更健康的身体、更好的人际关系，或是更令人满意的工作。

人们会说，他们当然想要更多的金钱。但他们不明白，为什么更多的金钱不会来到他们的生命中。金钱有一个可变的频率范围，它的范围，从巨大的富足，一直到极度的匮乏。所以，**仅仅专注金钱这一事物或想法，只是必要专注的开始，它正聚积着吸引金钱到你生命中所必需的振动能量。**

将想法定位到金钱上是一个不错的开端。但接下来，你有必要了解在这个宽泛的频率范围中自己所处的实际位置。你正向着这个范围的哪一极靠近？是接近于无穷的富足，还是极度的匮乏？当感受到自己的情绪时，你就可以轻松地回答这个问题了。因为通过感知情绪，你读懂了思想的振动内涵。专注于某一事物时，感受极为重要。

对这一想法，你感受如何

有人开始承认，你将得到你想要的。但我们想进一步明确这一说法：**你将得到对你想要的事物的感受。**

那么，在金钱这一事物可能的振动变化范围中，你处在什么位置呢？你会常常想要得到更多的金钱。但是，如果你一直因没有足够的金钱而失望，甚至恐惧，那你发射出的关于金钱的振动频率会与渴望不符。无论你发射的振动在哪，它都是吸引力所在。你在现实中关于金钱的经历，通常与你发射频率的本质有关。

观察那些出现在你身上的事物，可以读出你在振动频率范围中所处位置的精确量度，这种意识极其有用。但是，你可以在事情出现之前，就意识到自己在振动频率范围中所处的位置，这是接近自主控制生命体验的更好方法。

随时都可改变航向

你既可能在事情出现之前意识到吸引力所在，也可能在事情出现之后意识到。当然，我们鼓励你时刻清楚自己前进的方向。如同乘坐交通工具旅行一样，尽管你在脑海中有一个具体的目的地，但同时，你也可能正行驶在错误的道路上，朝着和期望的目标相反的方向前行。然而，在到达错误的地点之前，你可能并不会意识到自己走错了方向。**你随时可以修正路线，越早意识到错误，旅程才会越完美。**

愉快地自主创造的关键在于，在刻意选择思想内容的同时，要密切留意对每个想法的“感受”。因为在意识到自己对这一想法的感受之前，你是不会认识到自己在可变范围频率中所处的位置的。

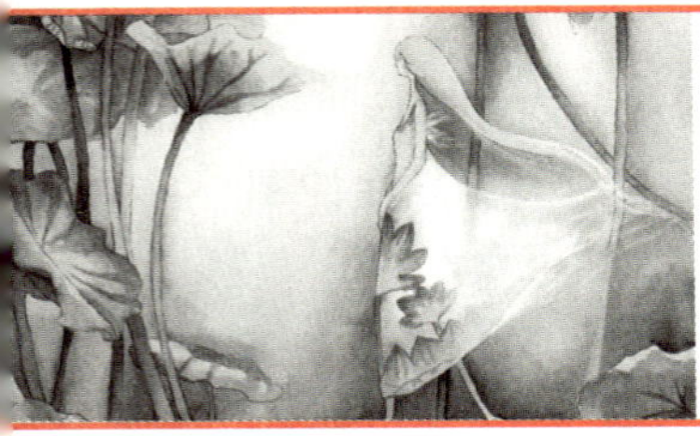

第八章

有求必应

当你来到这个物质的世界时，你就应该明白：这个时空中的现实无限富足。你不必总觉得与周围共享这个星球的人们存在着竞争。你的世界可以根据你的愿望产生相应的变化。你能与别人产生互动，能经历意识、想法、信念和愿望的演变，这一切都将令你感到欣喜！你能够理解巨大的变化和对比的价值，因为你知道，这会刺激你脑海中的希望——你是知道的，只有暴露在对比之下，所有的选择和愿望才能产生。你非常清楚产生愿望的价值，因为你看到了集中愿望的力量。你知道，只要有所求，必能有所应——绝无例外！

好了，让我们再次从振动的观点来看待这个问题：对你周围的环境产生的感知，刺激了你的个人“偏好”。这些偏好，无论你是否吐露出来，都能使你发射出一个振动。强大的吸引力法则会回应你发射的振动，并将其他振动与之匹配。

你已激发了愿望，但是……

这看似很简单：**对比产生愿望，愿望得到回应**……如果这一法则正确，那么，任何期望得到一些东西的人，都能迅速得到他想要的东西。那为何你已经希望得到更多金钱或更健康的身体了，而实际上却并没有达成所愿？

答案在于你对**振动变化范围**的感知。一个热烈的场景可以导致一种强烈愿望的产生。在产生愿望的那一瞬间，你产生了与愿望相匹配的振动，我们把这种短暂的共振称为**愿望之箭**。但随着时间的推移，你时常发射一些位于振动范围其他位置上的振动，于是就会陷入与先前愿望不同的思维模式中去。

这又是怎么一回事呢？当你专注于一个“念想”时，就激活了自己的思想振动。而一个振动被激活后，其他与之匹配的想法就会纷至沓来——这使你对这个想法的专注变得更加容易，然后，你再将焦点放到这个激活了的点子上时，它就成为了**主导思想**，或称之为**“信念”**（信念仅仅是一个长时间持续的想法）。因此，吸引力法则就能够使你更轻松地继续专注于这一想法——你持续专注于此，继而激活了它的振动，由此导致吸引力法则展现它的神奇力量，带给你更多与之类似的想法，以及更多的实现。

第九章 人所关注即事实

什么是振动性的存在？自我实现是如何创造的？也许现在你更加明白了。因为思想的振动性以及吸引力法则的影响，你渐渐明白了应该通过集中思想来创造现实。无论注意力何在（过去、现在、未来），你都在创造之中。

当你聚精会神地思考时，当你回忆往事时，当你想象未来时，你都在提供某种振动，吸引力法则都会对此作出回应。对同一主题每专注一次，对其振动的吸引便会增强一次**。对主题越关注，振动越明显，会吸引越多同类。最终你的感觉将会被现实验证，你的愿望最终在现实中被“实现”——这正是人们一直以来梦寐以求的事情。**

你是自我真理的创造者

当你产生一个想法时，振动也会由此激起，吸引力法则将会带给你更多相似的想法；当你继续思索时，就会有更多、更具体的想法喷涌而出；而当这一想法持续激发，更加坚定时，振动亦会愈来愈强大，吸引力也会随之越来越强大——最终，如你所愿！大家通常直到此时才敢相信这是真实的！而我们则认为，与其称之为事实或真实，不如称作创造，这是宇宙对你振动的回应，反之亦然——你如果执意要关注烦心事（亦会产生振动）也会令吸引力法则回应，结果就事事倒霉处处烦心。

许多人会说，因为这事在眼前，难免会注意些，但是眼前的事多得很，有些你乐意关注，有的就未必了。那就请了解：**重要的不在于它是否会出现在眼前，而在于你是否愿意让它出现在你的生活中。聚焦时间足够，万事皆能成真！**

第十章

意识，自主创造之法门

一旦悟得此情感引导系统，你就将有脱胎换骨般的提升！

生活如流水，不断冲刷你的心灵，不断给你以灵感。当你不断回应时，日久天长的关注亦会激活自身的振动。大部分人未必知晓宇宙是振动之存在，人类亦是振动之生命，更不理解现实与振动的关联。因此，大部分人从未想过控制自己的思想。

诚然，在如今这样快节奏的现代社会里，若是什么都事无巨细地关注，那只会加速我们的衰老和死亡！事实上，将一个人的所有想法都理成有序简直就是不可能的任务。好在幸运的是，你无须亲历亲为，吸引力法则将会帮你解决。

世间万事万物莫不有其意识。意识即振动和能量，意识皆能集中。意识都有其各自的经历，有独特的感受和偏好。如有所求，必有所应。身处逆境之中，个人偏好得以不断从意识中涌出。当生活的苦难孕育了个人的愿望时，振动亦由此而生，内在自我、本源、宇宙都会一一回应。

能与你的新愿望匹配吗

当精神的你接受请求后，必会开始留心关注内心的愿望——内在自我会立即与新愿望的振动相配合，不断接收相应讯息。物质的你未必能够契合新愿望，因为此愿望自困境中产生，所以你的念头依然驳杂不纯。

当新愿望产生时，内在的你（与新愿望立即契合）与物质的你（依然发出混杂的振动）之间存在着矛盾。你的工作则是纯化你的振动，令其不断与新愿望符合。这也正是情感引导系统的用武之地，因为你的情绪恰是振动契合与否的指南针。

例如，你和某人正谈得起劲，而他恰好忙得很，并不愿意和你闲聊，也许他会粗暴地打断谈话。这一经历便会令你产生不满，即使你没有表示抗议，在心里，你也是希望能够受到更尊敬的对待。当这一不满产生时，内在自我会立即与之契合，而你却未必能够找到这一契合。那人的态度、行为依然令你恼火，你的振动混杂着不同的情感。你没有与新愿望一致，而你的内在自我却已经与其契合了。

如果你对自己的感触十分敏感，你就会明白两种振动之间的混乱。实际上，这正是情绪的含义所在：**好心情是振动契合的表现，坏心情则是振动疏离的表现。**

再比如，在整理邮件时，你发现了好几份账单，加起来一算发现自己入不敷出了。此刻，对金钱的渴望必然出现，你的内在自我也会立即与之契合；然而，你却继续对着账单发愁，懊恼不已，“我现在连钱都还不起了”。你不住地抱怨，此时，你的坏心情（担忧、愤怒、沮丧）就是疏离本源的表现。

无论是关于什么主题的愿望，只要振动之间存在差异，就没有一个能变成现实。在它们出现之前，你必须与内心真正的愿望取得振动契合。

我们将情绪视为你的情感引导系统的指南针，因为它能帮你更好地认识愿望与现实之间的振动差异。在追求成功的路上，无须对别人的看法、别人的生活方式和自己现在的生活顾虑重重，对于实现愿望来说，这一切都是无足轻重的，只有现实与愿望之间的振动差距才是关键。

第十一章

振动差距和能量平衡

人和本源之间的振动差距是情感引导系统运作的前提，和所有的指南系统一样，人类的引导系统也可以通过参照对比来辨别。

打个比方，就拿车载导航系统（GPS）来说，尽管它有精确定位的功能，但在你输入目的地前，它也起不了什么作用；一旦你输入了目的地信息，它就能立刻给你一个最佳路线图。与此类似，现有体重和理想体重之间的距离正是情感引导系统作用的前提，当前的财务状况和理想的存款之间亦是如此。

当前位置与理想状态的差距是情感引导系统运作的前提。即使没有 GPS，你依然十分清楚现实与理想有多大的差距。而倘若没有差距，何来人生的动力？正是在不断地攀登中，你才觅得了人生的真谛。

振动差距无处不在：它既能在重要的事情中显现，也会在不太重要的日常琐事中显现，就连一辈子少有的大事（比如结婚）也会出现振动差距。精确的引导系统会随时为你提供导航，因为振动差距无处不在。

目的地的最佳路径

如果你使用过车载导航系统，一定有过这样的经历：输入目的地后，在实际驾驶中你却偏离了既定路线，也许是因为路边美丽的风景吸引了你。当你偏离了原路线时，导航系统便会发出警报声提醒你。也许你心里另有打算了，但导航系统只会不断提醒你，因为它惟一关心的就是你偏离既定路线的现状。当然，你可以输入新目的地，导航系统可以重新给出一个方案，但只要你的路线与目标不一致，警报声就会不断响起。

也许有人会问：“亚伯拉罕，条条大道通罗马，去目的地的路可不止一条。”我们当然同意这一点，通往目的地的路千途万道，各有各的精彩。实际上，我们认为生活的乐趣更多地在于旅途本身。然而，导航系统自身包含着丰富的路线图，它给出的路线图方案绝非无的放矢。它知道你的出发点、目的地，在通盘考虑后，才给出了最佳路线图。没有内在的系统信息，便不会有那样精确的路线图。

个人情感引导系统

同导航系统相似，你的个人情感引导系统也是这般运作，你只能在自身包含的可能路线中寻找引导。情感引导系统的运作主要基于当前活跃的振动（信念）和目标之间的距离关系。要记住：“信念就是你不断重复的想法！”

情绪恰恰是对你的积极振动的指示。你的身体是本源能量的延伸，本源的振动构成了积极振动的主体。当你面对理想与现实的落差时，自然会产生某种愿望，它以振动信号形式出现，与你的愿望息息相关。通过这些信号，你才能不断走向理想中的未来。

当你拥有一个愿望时，振动信号会如火箭一般升空，振动契约也在此时缔结，那契约专为你而订，没有人可以带走它，没有人可以剥夺你的创造。通过处理更多的对照经验，你不断地修正自己的愿望，它律动着，吸收着动力和能量，变得越来越明晰，此时契约也在不断地吸引能量。这意味着，**越是身处困厄之时，你内心的渴望就会越加强烈。**

本源与每一个愿望都契合

身处现实世界，当你以自己独特的视角打量一切时，你就会产生改变生活的新信号。**一旦愿望如箭离弦，本源能量便与其合二为一。**实际上，这正是为何我们不厌其烦地重申有所求必有所应，因为**本源能量能够与愿望相知相应。**本源的能量灌注于你的愿望中，理想与现实的差距变得格外明显，你可以轻松地感知这些能量频率相和与否。

当你看到邮箱的账单并意识到自己入不敷出时，对金钱的渴望会立刻产生，本源能量也会随之而行；但如果你只盯着自家的赤字，你的实际振动将与愿望脱节。担心、害怕等负面情绪正是振动紊乱的症状。

如果你爱慕的人对你不甚友好，你心中自然会产生能够得到他人尊重的愿望，本源当然也会与之呼应，会与你的请求相契合；但如果你继续为刚才的事恼火，这又与自身的请求背离了。于是，在你现实的振动与愿望的振动之间，就存在着振动紊乱。

如果现实的振动主导了一切，你的生活将很难进步，内心的苦闷正体现着现实与理想的巨大落差。因此，如果你希望心想事成，除了使自己的振动与心中的愿望一致之外，还有更好的选择吗?

第十二章

返璞归真

人是内在本源能量的延展，身体之中积聚着永恒。澄明、愉快之存在在你心中流淌——它们绝非为你而存在。你是这个世界上独立的创造者，有着独特的个人愿望，你是自我愿望的完全掌控者。

因此，情感引导系统正是天生利器，帮助你打理本源与现实之间的复杂关系。

当你在生活中与别人打交道、处理事物时，现实与理想不断地交锋，使得不计其数的愿望从中产生。也可以说，这些愿望正等着你一个个地实现。我们认为，在振动契约的约束下，这必定会实现。它们是你的创造物，属于你所有，等待着与你相契合，而你，必须寻找到独一无二的契合之道。

每个人的情感引导系统都是永不出错的指示器，你的信念与愿望之间的契合度可以通过它来呈现。也就是说，**当你关注愿望时，愉悦或混乱均可能出现。感觉越愉悦，与愿望的契合度越高；感觉越混乱，与愿望的距离则越远。**

关注提升情感动力

当你开始关注被激活的愿望时，你就可以感觉到振动的方向了。你可以借此评判自己是正走向富足之路，还是走向了匮乏的深渊。但是我们要先请你记住：你的情感，真实地反映了你的当前信念与愿望之间的关系。

如果生活中的不幸激发了你无数的愿望，本源能量将会更快地与之结合。同样的，你的情感也会更加强烈。你越是关注，吸引力法则会予以越多回应，能量会结合得越快。这类结合将会给你带来愉快的情感体验，这就是人们常常称之为激情、热情等的情感。

那么愤怒、憎恶、恐惧等强烈的负面情感又是怎么一回事呢？事实上这类强烈情感同样反映了能量的快速移动。但是，这些负面情绪源于积极愿望（完全吸引了本源的关注）和当前振动（你当前的关注）之间的巨大差距。

注意力一定在渴望之物上吗

简言之，情感引导系统的反馈主要基于两大指标：第一，愿望的强烈程度。这一指标与个人的经历和期望的次数密切相关。第二，当前的关注点。情感引导系统会为你提供强大而精确的指南，指引你向着未来不断迈进。

如果生活令你对某件事物充满了渴求，而你的关注点却与之南辕北辙，你必将产生强烈的负面情绪；而如果当前的思想与愿望一致，你的情绪就会显得十分激昂！所以说，**你的情感正是现实与理想振动差距的指示器，情感引导系统时刻为你提供快捷而准确的信息。精确的系统将带给你完美的人生。**

第十三章

关于身体的振动差距

本章主要收集了大家关于身体的愿望与信念之间的振动差距。我们首先会列出大家在身体方面的愿望，接着会列举一系列关注这一愿望的信念及想法。在括号中，我们会注明愿望与信念契合与否。

任何愿望若要在生活中实现，少不了愿望与信念之间的契合。

当你阅读下面的文字时，请留心自己的愿望与信念的隔阂感是否减少，或者振动关系是否有进一步融合。

愿望：我希望健健康康，长命百岁。

信念：这不太可能吧，因为有许多亲戚都得过重病（这一信念显然与你的愿望矛盾）。

信念：也许吧，毕竟我现在的生活可比过去父亲母亲、爷爷奶奶那时候好得多了（这一信念与当前的愿望比较匹配）。

信念：当然！瞧，我有足够的食物与科学的知识帮助我保持健康（这一信念与当前的愿望更相配）。

愿望：我希望健健康康，长命百岁。

信念：但我父母的身体一直不好（这一信念与当前的愿望矛盾）。

信念：当然，我和祖辈们的生活并不相同。我们不仅生活环境、饮食不同，就连看待自己的方式也不同（这一信念与当前的愿望比较相配）。

信念：事实上，我的健康与我父母的健康，并无必然的关系（这一信念与当前的愿望更相配）。

愿望：我希望健健康康，长命百岁。

信念：可惜现代社会疾病太多了（这一信念与当前的愿望矛盾）。

信念：我的周围虽然一直疾病环绕，但我从不生病（这一信念与当前愿望比较相配）。

信念：疾病的存在并不意味着我必定会患病（这一愿望与当前愿望比较相配）。

信念：我确信我的自身条件非常好，有着强大的免疫能力，足以抗拒疾病（这一信念与当前愿望更相配）。

愿望：我希望健健康康，长命百岁。

信念：虽然医学在不断进步，疾病却依然层出不穷（这一信念与当前愿望矛盾）。

信念：健康的标准正在不断提升（这一信念与当前的愿望比较相配）。

信念：对振动平衡的人来说，疾病的威胁并不大（这一信念与当前愿望比较相配）。

信念：别人对健康状态的抗拒与我的健康无关（这一信念与当前愿望更相配）。

愿望：我希望健健康康，长命百岁。

信念：大部分人的身体都会渐渐衰老（这一信念与当前愿望相

矛盾）。

信念：不同的人衰老情况大不相同，我的人生晚景未必会疾病缠身（这一信念与当前愿望比较相配）。

信念：一个人的寿命长短与身体的衰落程度并无必然关联（这一信念与当前愿望更相配）。

愿望：我希望一辈子都有强壮的身子骨。

信念：当我慢慢变老，不可避免地，我的力量和耐力会逐渐衰退（这一信念与当前的愿望矛盾）。

信念：虽然我看到过很多人经历身体的衰老，但事实上，我并不知道他们人生经历的具体细节（这一信念与当前的愿望比较相配）。

信念：每个年龄段都有强壮或虚弱的人，年龄并非问题的关键（这一信念与当前愿望更相配）。

愿望：我希望保持身材苗条、身体健康。

信念：除非天天节食和高强度运动，否则很难保持苗条的身材（这一信念与当前愿望相矛盾）。

信念：据我所知，饮食和运动习惯的差异会导致不同的结果（这一信念与当前愿望比较相配）。

信念：合理的生活方式将会带给我理想的身材（这一信念与当前愿望更相配）。

愿望：我希望身体敏捷，动作利索，我希望身体保持韧性。

信念：随着渐渐地老去，我的身体变得僵硬了（这一信念与当前愿望相矛盾）。

信念：许多老年人身体非常棒，也有许多年轻人身体不灵光，年龄并非关键因素（这一信念与当前愿望比较相配）。

信念：只要我有意识地锻炼身体，我的身体必会保持柔韧（这一信念与当前愿望更相配）。

愿望：我希望神清目明；我希望一学就会，过目不忘。

信念：我老犯糊涂，记不清自己学过的东西（这一信念与当前愿望相矛盾）。

信念：处理感兴趣的事务时，我的记忆力好得很（这一信念与当前愿望比较相配）。

信念：当我全神贯注时，我就会神清目明（这一信念与当前愿望更相配）。

愿望：我希望心智澄明，记忆准确。

信念：我又不记得东西放在哪里了（这一信念与当前愿望相矛盾）。

信念：虽然我记不清东西放哪里，但是我总能找到（这一信念与当前愿望比较相配）。

信念：如果我将东西放在恰当的地方，我肯定能找到（这一信念与当前愿望更相配）。

每个人的想法或信念都错综复杂各不相同，上面所举，不及万一。只要你有时间时问问自己：**这一信念与你的愿望相符吗？**如果答案是否定的，愿望自然无从实现。因此，愉快积极的思想才是与你的愿望相符的，如果能够一直保持，更美妙的事就会向你涌来。当你现实的想法趋于愉悦，并不断生发出更美好的想法，你的振动（你的吸引点）就会只接纳美好的事物进入生命中。

你的信念有些对你有益，有些则不然。意识到愿望与信念之间的差距后，你的意识会很好地处理它们，你会发现，令信念与愿望相符并不困难。一旦相符，你的愿望将会很快转化为现实。

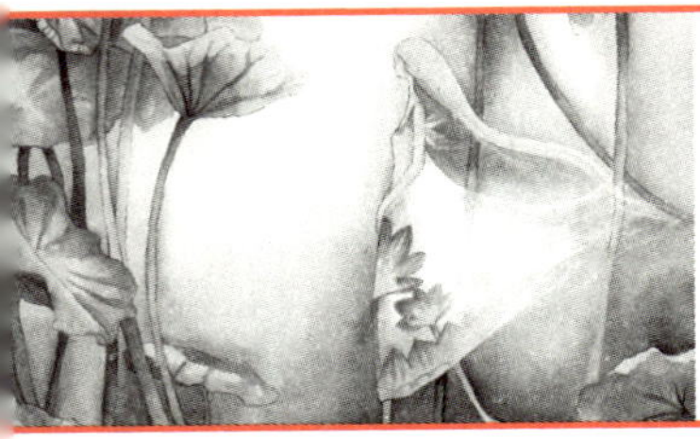

第十四章

关于家庭的振动差距

本章主要收集了大家关于家庭的愿望与信念之间的振动差距。我们首先会列出大家在家庭方面的愿望，接着会列举一系列关于这一愿望的信念及想法。在括号中，我们会注明愿望与信念是否符合。

任何愿望若要在生活中实现，少不了愿望与信念之间的契合。

当你阅读下面的文字时，请留心自己的愿望与信念的隔阂感是否减少，或者振动关系是否有进一步融合。

愿望：我希望拥有一套合意的房子。

信念：可我买不起那样的房子（这一信念与当前愿望相矛盾）。

信念：相同价位的房子还是有一定的挑选余地的（这一信念与当前愿望比较相配）。

信念：在房地产市场上还是可以找到合意的房子的（这一信念与当前愿望更相配）。

愿望：我希望邻里关系和睦。

信念：我的邻居总是任意行事，从来不考虑他人的感受（这一信念与当前愿望相矛盾）。

信念：我的邻居也希望邻里和睦（这一信念与当前愿望比较相配）。

信念：我的邻里关系大部分时间还是好的（这一信念与当前愿望更相配）。

愿望：我希望居家安全。

信念：什么人都可能成为邻居，我的财产安全得不到保障了（这一信念与当前愿望相矛盾）。

信念：每个人都有自己的家，相比之下，财产受威胁的情况还是不多见（这一信念与当前愿望比较相配）。

信念：我的财产还是安全的，我爱我家（这一信念与当前愿望更相配）。

愿望：我希望家里现代器具一应俱全。

信念：许多东西可以让生活更简单、更舒适，却要花我一大笔钱（这一信念与当前愿望相矛盾）。

信念：许多家电我都已经有了（这一信念与当前愿望比较相配）。

信念：我还可以自己动手做许多东西，多有趣啊（这一信念与当前愿望更相配）！

愿望：我希望拥有自己的家。

信念：我现在的积蓄连首付都不够（这一信念与当前愿望相矛盾）。

信念：我现在还年轻，只要努力，房贷不是问题（这一信念与当前愿望比较相配）。

信念：只要我下定决心成家，房子一定可以解决（这一信念与当前愿望更相配）。

愿望：我希望找到可以安度一生的家。

信念：即使在未来有一个温馨的港湾，我也不知道如何找到它，不知道它是否与我想象中的家一样（这一信念与当前愿望矛盾）。

信念：人生的经验让我明白人无长性，我的品味和愿望会改变的（这一信念与当前愿望比较相配）。

信念：我不必急于找到让我一辈子都快乐的家，只要现在快乐就好，不必为明天的烦恼担忧（这一信念与当前愿望更相配）。

有的人也许会说，仅仅保持心情愉悦并不会对事物产生根本改变。“只是做些与现实不同的假设有什么用呢？这不就只是一种逃避吗？我从小就知道应该直面困难，正视人生。”我们希望你明白：这些过程确实能帮助你创造更美好的生活；而如果继续悲观地谈论现实，就什么都不会改变。

你无法立即改变你的思维，但是可以慢慢改变视角，寻找每种主题的积极面。当你的振动倾向改变后，愿望与信念之间的振动隔阂便会自然消除，你将会与你的愿望契合，生活经历的变化将会更明显地反映在这一点上。那么，你为何要接受令人愤懑的现实，而非创造令人愉快的现实呢？

人生旅程中，随时可以修正路线。

只有越早意识到错误，旅程才会越完美。

第十五章

关于工作的振动差距

本章主要收集了大家关于工作的愿望与信念之间的振动差距。我们首先会列出大家在工作方面的愿望，接着会列举一系列关于这一愿望的信念及想法。在括号中，我们会注明愿望与信念是否符合。

任何愿望若要在生活中实现，少不了愿望与信念之间的契合。

当你阅读下面的文字时，请留心自己的愿望与信念的隔阂感是否减少，或者振动关系是否有进一步融合。

愿望：我希望工作更有趣。

信念：虽然专业对口，可我早就厌烦了（这一信念与当前愿望矛盾）。

信念：刚刚参加工作时，感觉这一行业还是比较有趣的（这一信念与当前愿望比较相配）。

信念：虽然目前的工作已经得心应手，但我依然能发现有许多新东西可学，这真不错（这一信念与当前愿望更相配）。

愿望：我希望工作能有更多收入。

信念：这份工作也就这么点钱，这是就业市场决定的（这一信念与当前愿望矛盾）。

信念：其实有些公司的条件还是不错的，我这一行的公司也很多（这一信念与当前愿望比较相配）。

信念：找到一家可以实现自己更高价值的公司还是很有可能的（这一信念与当前愿望更相配）。

愿望：我希望拥有更舒适的工作环境。

信念：这儿的工作环境实在让人受不了（这一信念与当前愿望相矛盾）。

信念：我可以换个眼光看待工作环境，老王人就不错（这一信念与当前愿望比较相配）。

信念：换个心情之后，我发现我的工作环境也不是那么差（这一信念与当前愿望更相配）。

愿望：我希望同事间关系融洽。

信念：我并不是一个有控制欲的人，不想控制我的同事，可我对面的人实在是烦人（这一信念与当前愿望相矛盾）。

信念：我在公司能接触到各式各样性格的人（这一信念与当前愿望比较相配）。

信念：接线员岗位的那个女孩就很友好，很招人喜欢（这一信念与当前愿望更相配）。

愿望：我希望工作可以使我成长。

信念：我觉得现在的工作没有发展前景（这一信念与当前愿望相矛盾）。

信念：也许机会就在我身边，只是我没注意到（这一信念与当前愿望比较相配）。

信念：一定会有适合我的工作，我一定会找到（这一信念与当前愿望更相配）。

愿望：我希望自由自在。

信念：我工作时没有一点自由，似乎整天忙个不停（这一信念与当前愿望相矛盾）。

信念：我的工作还是有很多乐趣的（这一信念与当前愿望比较相配）。

信念：既然我可以选择来到这里，当然我也可以选择离开（这一信念与当前愿望更相配）。

与他人生活在一起，有时确实很难坚持自己的想法。每个人都会对自己周遭的环境作出回应，当然也会受到环境的局限。当你发现自己有着超越环境的潜力，同时能够有意识地改变自己的视角时，你将会更了解生活、了解自己；最终，无论环境如何变化，你都可以与自己的愿望契合。当你熟练地掌握振动，你将会如沐春风。

第十六章

关于人际关系的振动差距

本章主要收集了大家关于人际关系的愿望与信念之间的振动差距。我们首先会列出大家在人际关系方面的愿望，接着我们会列举一系列关于这一愿望的信念及想法。在括号中，我们会注明愿望与信念是否符合。

任何愿望若要在生活中实现，少不了愿望与信念之间的契合。

当你阅读下面的文字时，请留心自己的愿望与信念的隔阂感是否减少，或者振动关系是否进一步融合。

愿望：我想找到自己完美的伴侣。

信念：寻找了这么多年，似乎所有人都找到了，除了我（这一信念与当前愿望矛盾）。

信念：我最近总算为另一半的到来做好了准备，幸好他/她没在我准备好之前出现（这一信念与当前愿望比较相配）。

信念：只要我做好准备，很快就会梦想成真（这一信念与当前愿望更相配）。

愿望：我希望能改善和另一半的关系。

信念：无论我做什么都会惹对方生气（这一信念与当前愿望相矛盾）。

信念：刚在一起时，我们的关系多棒啊（这一信念与当前愿望比较相配）！

信念：我想重新找回我们相爱的感觉（这一信念与当前愿望更相配）。

愿望：我希望和父母关系更融洽。

信念：虽然我已经成年了，可是老妈还是管这管那（这一信念与当前愿望相矛盾）。

信念：父亲的出发点都是希望我过上好日子（这一信念与当前愿望比较相配）。

信念：母亲虽然整天唠唠叨叨，但对我的生活也没什么大的影响，而且她都是为我好（这一信念与当前愿望更相配）。

愿望：我希望和孩子更亲近。

信念：我孩子把我当开银行的了，整天要这要那（这一信念与当前愿望相矛盾）。

信念：我小时候对生活的看法和现在早已大不相同，但是，那时候的看法和孩子现在的看法应该差不多（这一信念与当前愿望比较相配）。

信念：我们一直在改变，这是好事（这一信念与当前愿望更相配）。

愿望：我希望和老板搞好关系。

信念：我的老板根本不清楚我的价值（这一信念与当前愿望相矛盾）。

信念：我希望在工作中能够有引人注意的表现（这一信念与当前

愿望比较相配）。

信念：不管别人是否注意，我还是要做好本职工作（这一信念与当前愿望更相配）。

愿望：我希望和每个人都能友好相处。

信念：每个人都不理解我，我仿佛是离了水的鱼儿（这一信念与当前愿望相矛盾）。

信念：人的性格多种多样，我也有很谈得来的人（这一信念与当前愿望比较相配）。

信念：我和老张的关系就不错（这一信念与当前愿望更相配）。

如果你想有意识地改变自己观察世界的视角，我们建议你从简单处着手。也就是说，不要拿最棘手的人际关系做实验，这只会让你体验失败的滋味。**只有当你在大部分主题上都能找到较好的视角时，你才可以打硬仗，才可以挑战人生。**最终，你会发现，你的情绪、你的视角、你的吸引点，甚至你的生活经历，都尽在掌握中。

第十七章

关于财富的振动差距

本章主要收集了大家关于财富的愿望与信念之间的振动差距。我们首先会列出大家在财富方面的愿望，接着会列举一系列关于这一愿望的信念及想法。在括号中，我们会注明愿望与信念是否相符合。

任何愿望若要在生活中实现，少不了愿望与信念之间的契合。

当你阅读下面的文字时，请留心自己的愿望与信念的隔阂感是否减少，或者振动关系是否进一步融合。

愿望：我想要更多财富。

信念：负担不起自己想要的东西和想做的事，我实在厌倦这种感觉了（这一信念与当前愿望相矛盾）。

信念：如果我有合理的计划，财富一定会多起来的（这一信念与当前愿望比较相配）。

信念：能买自己想要的东西真是太快乐了（这一信念与当前愿望更相配）。

愿望：我希望赚钱更容易些。

信念：我一生花在赚钱上的时间太多了（这一信念与当前愿望相

矛盾）。

信念：一定有更好的职位在等着我（这一信念与当前愿望比较相配）。

信念：我的技术还是很有市场的（这一信念与当前愿望更相配）。

愿望：我希望金钱与快乐兼得。

信念：妈妈总说金钱并不能带来快乐，而且，她认为金钱会令生活一团糟（这一信念与当前愿望相矛盾）。

信念：我既看到了快乐的穷人，也看到了快乐的富人，金钱并不会毁灭生活（这一信念与当前愿望比较相配）。

信念：金钱有利有弊，全看我们如何使用（这一信念与当前愿望更相配）。

愿望：我希望看到别人的贫困能坦然些。

信念：我喜欢自己的豪华车，可是看到那人无家可归我就很惭愧（这一信念与当前愿望相矛盾）。

信念：我明白，我不买车并不意味着那人就会有家可归（这一信念与当前愿望比较相配）。

信念：每个人的财富都与其期望和接纳程度相符（这一信念与当前愿望更相配）。

愿望：我希望收支平衡。

信念：无论我如何努力，总有事情使我预算超支（这一信念与当前愿望相矛盾）。

信念：我虽然无法控制收入，但我可以控制支出（这一信念与当前愿望比较相配）。

信念：我会逐渐实现收支平衡的（这一信念与当前愿望更相配）。

愿望：我希望无债一身轻。

信念：我厌倦了自己总是债务缠身。每个月刨去月供，我总是所剩无几（这一信念与当前愿望相矛盾）。

信念：贷款也不全是坏处，它可以让我享受更多自己想要的东西（这一信念与当前愿望比较相配）。

信念：即使债务缠身，我也可以保持收支平衡（这一信念与当前愿望更相配）。

当你决心改进关于财富的愿望与当前信念的振动关系时，你会即时看到成果。**因为我们随时都在与金钱打交道，你对它的想法会格外频繁。如果面对有关金钱的主题时，你能调动积极的情绪，吸引点就会随之改变，愿望与信念之间振动关系的契合将会在生活中产生立竿见影的效果。**

第十八章

关于世界的振动差距

本章主要收集了大家关于世界的愿望与信念之间的振动差距。我们首先会列出大家在世界方面的愿望，接着会列举一系列关于这一愿望的信念及想法。在括号中，我们会注明愿望与信念是否相符合。

任何愿望若要在生活中实现，少不了愿望与信念之间的契合。

当你阅读下面的文字时，请留心自己的愿望与信念的隔阂感是否减少，或者振动关系是否进一步融合。

愿望：我希望这个世界充满爱。

信念：我的生活还是相当不错的（这一信念与当前愿望比较相配）。

信念：看那小女孩多高兴呀（这一信念与当前愿望更相配）。

愿望：我希望世界和平。

信念：世界上大部分人的生活依然是快乐的（这一信念与当前愿望更相配）。

愿望：我希望地球是个平平安安的地方。

信念：为何总有地震、海啸等灾难破坏我们星球的宁静呢（这一信念与当前愿望相矛盾）？

信念：地球上一直以来就有许多灾难发生，可人类依然在不断繁衍（这一信念与当前愿望比较相配）。

信念：地球是人类最温暖的家（这一信念与当前愿望更相配）。

愿望：我希望地球上没有疾病肆虐。

信念：如今，地球上威胁人类健康的事物太多了（这一信念与当前愿望相矛盾）。

信念：虽然有些地方污染严重，但也有许多地方风光秀丽（这一信念与当前愿望比较相配）。

信念：我们的地球拥有惊人的调节能力（这一信念与当前愿望更相配）。

愿望：我希望拥有更多对世界的体验。

信念：世界这么大，我却只去过那么几个地方，我觉得错过的风景太多（这一信念与当前愿望相矛盾）。

信念：科技使得世界仿佛近在眼前。在亲自到达某地之前，我完全可以看得到它们，并且可以搜集相关信息（这一信念与当前愿望比较相配）。

信念：我喜欢探索自己的小天地，我要细细品味自己的世界（这一信念与当前愿望更相配）。

在现代通信技术普及以前，你的视野只在周围生活中延展，你往往更容易保持平静。现代社会则不然，你几乎随时可以看到任何地区的新闻，比如频繁的战争、自然灾难……受到诸多媒体的影响，你很难观察到这个星球美丽的一面。

面对远在千里之外的灾难却无能为力，没有什么比这种感觉更影响一个人的情绪了。这会令你对自己的能力产生极大的怀疑。

而我们则希望你能够明白：这一切并非你的本职，**你的本职是保持自身能量的平衡，这也是通往物我两忘境界的惟一途径。**那些我们无能为力的事情就交给专业人士去做吧，他们会比我们做的更好，我们不必为此过于自责或叹息。

许多人在最初寻求能量平衡时，都必须从怀疑论中脱身。我们希望你能够自我契合。只有这样，你才能与这个世界保持平衡；只有这样，你的所作所为才能有益于自我契合。

第十九章

和光同尘

如果你对上文中的示例有所感触，一定会产生相应的振动。你会切身感受到与书中的内容或契合或相异的状态。当某一示例触动你现实生活中的种种时，你内心会很难保持波澜不惊。我们需要你铭记于心的是：务必令你的愿望与信念的振动相契合。没有振动契合就不会有身心一体；一旦远离契合，你将无法接纳应许之物流入你的生活。

当你阅读前面的示例时，也许你的愿望与我们所提供的基本上一致，而你的信念常常是第一种状态（与愿望相矛盾）。人们一般都生活在矛盾中：渴望更多的财富，却相信赚钱再多也并非永无止境；渴望身材苗条，却相信节食的效果总不尽如人意；渴望健康，却相信身体也就只能如此。

平衡愿望与信念

我们不厌其烦地举例，就是为了提醒你，平衡愿望与信念是你的分内之事。如果此刻身体健康、生活富足，说出当前的状态和感受对你来说一定易如反掌，绝不会引起愿望与信念的不一致；但如果生活未能如你所愿，你便无法坦然面对一切，而这必然会引起愿望与信念的矛盾，这一矛盾会阻碍愿望的实现。请记住，你的心情可以即时反映你的振动平衡！

此乃能量之最终平衡

当你重温前面的示例时，体会愿望与第一则信念之间的矛盾。当你阅读第二则信念时，感觉是否稍轻松？读第三则时，是否更轻松？

为了让你的生活变得多姿多彩，你必须领会并积极地发展愿望与信念之间的振动关系——这正是能量的终极平衡。

在真假对错的讨论中，许多人常常会陷入混乱。他们认为，“这正是生活，我无法否定这一现实”。他们会说，周围人都认同这一不合理的现实。但我们希望你意识到，对这类事实的关注（激起了与你愿望相反的振动）将会影响你对幸福的追求；你总不能一边刺激与愿望相反的振动，一边却希望愿望能够实现。你必须首先令自己身心合一。

第二十章

与内在我振动契合

不断觉察当前的注意力与内在我注意力之间的振动差距对你的人生大有裨益。**如果你始终记得令内在自我的注意力集中于愿望上，令振动与内在自我一致，你就可以与自己的愿望契合。**

与内在自我 / 本源 / 真我保持契合是非常有价值的：

你的精神世界乃是本源能量的全部精魂所系，有着无穷的智慧。

你的精神世界乃是本源能量所在，蕴含着爱与富足的振动。

你的本源振动乃是纯正、积极的能量，因而强大而高效。

因此，当你与精神世界合二为一，智慧、爱、富足、力量自然扑面而来；当你与本源契合，心清目明、活力四射、激情澎湃等积极情感在你身上会一应俱全。

我正在接纳还是抵制自身的富足

我与本源的振动契合意味着接纳，与本源振动的矛盾意味着接纳程度下降。越是远离契合，与本源的联系就会越弱，对愿望振动的抵制就会越强烈：抵制富足、兴旺、明晰、健康。**时刻感受情绪波动将帮助你更清楚地意识到自己的接纳状态：愈是快乐，与本源愈是紧密；愈是沮丧，与本源愈是疏离。**

最重要的决定

弄清自己与本源振动差距的重要性所在，这将是你人生中迄今为止最重要的决定，因为你将会有意识地激活个人引导系统，再也不会迷失方向。当明白了情绪的意义与功用，你可以通过不断地选择愉快的想法来实现自我调节。如此一来，将不会再有你实现不了的愿望，所有的愿望都将轻易地、并且及时地出现在你的人生中。

随着新愿望的不断涌现，令其实现的信念也会不断增强。你将会感受到何谓无拘无束，何谓渴望与快乐。你将同内在自我有同样的感受：享受由生活的困境激发出愿望，继而聚集能量创造世界的过程。

你和内在自我的振动关系将通过情绪波动反映出来。**心情愉快意味着对本源的接纳或契合，心情恶劣意味着对本源的排斥或疏离。**

自由，自由之匮乏，你的感觉是什么

考虑一下情感的天平，一端是美好的心情，如快乐、热情、欣赏，另一端则是压抑、失望、恐惧、痛苦，你能感受到美好心情的作用力与恶劣心情的反作用力吗？你能感受到自由与自由的匮乏吗？

情感引导的一端源于对自由的感知，另一端则是源于对自由匮乏的感知。自由或自由匮乏仅仅是感觉上的，实际上，你一直都是完全自由的。没有人可以替你提供振动，只有你自己的振动方能影响到你个人的生活经历。从你的观点来看，一些情绪给你带来了绝对的自由，这是你自己的感觉，而另一些令你深受束缚、备感不适的感觉是由别人指出的，承认这一点十分重要。

你会明白，你在任何情况下都可以自由创造你的愿望。当你觉得不自由时，一些负面情绪，如压抑、失望、害怕就会反映出你与本源的疏离；当你觉得自由自在时，一系列积极情绪则意味着你与本源的契合。

世间没有比快乐更重要的事，这堪称人生最重要的体悟。你必须有意识地掌控自己与本源之间的振动关系，利用引导系统控制振动差距，使自己与本源融合，那时候，你将完全体会到清明、活力、富足，还有快乐。

第二十一章

吸引点与放松要素

我们想告诉你一个富有智慧而且很显著的事实：**你正是现在的你，而且仅仅是现在的你。你曾经和现在的思索与你的创造、生活息息相关。**正是如此！我们希望你全神贯注于现实和未来的振动差距——这正是你的力量所在，正是你创造力的发挥之处。

现实与未来的振动差距正是创造力的施展之处。这是你必须要经历的过程，而且永无止境。

因此，你当前的状态与感觉等同于你的吸引点。通过感知当前的状态，你可以判断自己是否与本源振动契合。

如果你试着与本源契合，你将会产生很多美好的想法。当你的想法轻松愉快时，你自然会很放松。

从接纳到抵制的情感引导图

想象一幅情感引导图，一边是美好心情，一边是恶劣心情；一边与接纳有关，一边与抵制有关。通过有意识的选择，你可以轻松地从一边走向另一边，远离一边则意味着靠近另一边。换句话说，快乐意味着接纳，不快乐则意味着抵触。

一幅可能的情感引导图：

1. 愉快/知识/力量/自由/爱/欣赏
2. 激情
3. 热情/渴望/快乐
4. 期望/信念
5. 乐观
6. 希望
7. 满足
8. 无聊
9. 悲观
10. 沮丧/烦躁
11. 压抑
12. 失望
13. 怀疑
14. 担忧
15. 抱怨
16. 泄气
17. 愤怒
18. 仇恨
19. 憎恶/怒
20. 嫉妒

21．害怕／愧疚／无益

22．痛苦／抑郁／绝望／无力

由于相同的词语常常表示不同的意思，不同的词语有时表达了相同的情绪，这些标签未必人人适用。其实，文字标签有时反而是徒增混乱，令人分心。所以，读者们不必拘泥于文字。

至关重要者在于自我心情的调节，而有关心情的标签不过是细枝末节。

缓缓放下抵触

平衡能量的一个相当有效的方法就是不断地放松、放松。放松不仅有助于振动的提升，同时也意味着抵触的减轻与接纳的增长。它堪称个人意识修炼的一大关键。

当你试图从日常事务中发现美，你的眼光便会不断接近于内在自我，不知不觉中，你的抵触之心便会无影无踪。

自身抵触是阻碍个人愿望实现的惟一原因。

疾病是抵触所致；

迷茫是抵触所致；

贫穷是抵触所致；

伤痛是抵触所致；

车祸亦是如此。

所有不幸均源于对自我幸福的抵触。

世间无至恶之物

走进一间屋子时，你绝不会寻找黑暗开关，因为你知道并没有黑暗可以笼罩光明。与此相同，也没有邪恶、疾病的本源，一切只是源于对幸福本源的抵触。

一刻接一刻，一念接一念，一物接一物，不断地放松，你将不断地靠近幸福本源。当你专注所思所想，有意识地欣赏日常生活中的横生妙趣，你会不断地接纳，生活也将会立刻反映你的这一变化。放松意味着放下心中的抵触，意味着更多地接纳，这也是情感引导系统的妙用。

第二十二章

快乐妙用及能量平衡

逆境是人生的一笔宝贵财富，万丈雄心赖此而生，你的渴望与偏好也是如此。作为创造者，你通过专注的力量来改变现实。在一呼一吸之间，由生活所激发的愿望与变化从未停滞，源源不断的愿望皆由你的内心生发。

宇宙的扩张也是这样的过程：逆境引发愿望，本源回答愿望。总而言之，有所求必有所应。

许多人认为自己向上苍祈求了很多，却一无所获。我们再次强调：无论何时何地，无论何时何人，有求必应。所谓“求”并非诉诸言语，而在于由逆境所激发的自身振动。祈求是人的本能，特别是身处困境时。**人们之所以不能有求必应，皆是由于其自身的振动与愿望相悖。所以，自身所发出的振动必须与愿望的振动琴瑟相和。**

平衡术举例

后面的例子将会向读者展现如何利用情感引导系统弥合信念和愿

望之间的振动差距，进而使困境变为人生的财富。**通过能量平衡术创造快乐绝非难事。**

当前困境：首先，我们会描述当前的困境是什么（请注意与之相伴的种种信念）。

愿望：接着我们会列出由困境而生的愿望。一旦陷入逆境中，人们通常会更加清楚自己的渴望。

振动紊乱下的情绪或暗示：我们会列出反映当前振动状态的情绪。

新愿望与信念振动之融合：我们会提供一系列有助于融合的陈述（当你阅读时，请注意自身的振动变化。心情越放松，振动融合越好）。

结果：最终，我们会指出信念与愿望的振动差距的变化，这也可以由美好心情证实。

理解这一过程对你而言太重要了，一旦你领悟了如何令自己的信念与意愿相契合，你将成为自己生活的主宰者，此时绝不会有你实现不了的愿望了。

记住，如果生活让你产生了各类愿望，它也必然会让你实现这些愿望。

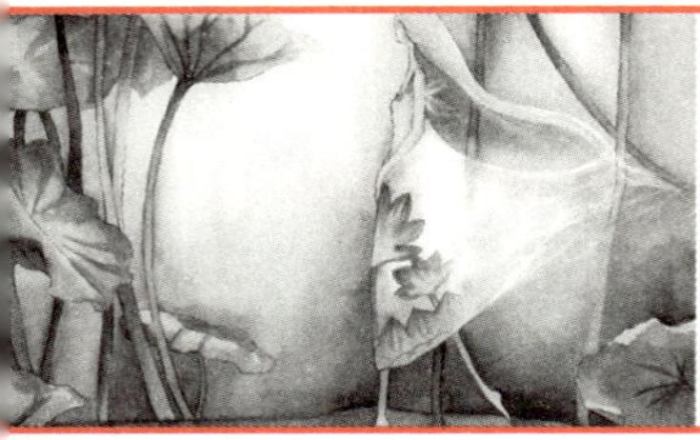

第二十三章

我的身体

令人烦恼的体重：我的体重都超过 70 公斤了，节食、运动都尝试了，总是一时有效，不久又反弹了。过去的衣服都不合身了，体型也变了，真不知如何是好。

愿望：我希望能够有效减肥，我希望身材苗条。

振动紊乱下的情绪或暗示：沮丧！失望！（这反映了信念与愿望的振动紊乱。）

新愿望与信念振动的融合：

我曾经有过成功减肥的经历；

我一定可以找到有效的方法；

当我用心做一件事时，总是会出成果；

我过去甚至比现在更重；

我也有一些合身得体的衣服；

我的深色外套就很合身。

结果：振动差距弥合了。

令人担忧的健康：我被体检结果吓了一跳。我特别担心这一疾病，因为这是家族遗传病，我的父母都患有此病症，好几位亲戚也都是因此而过世的。

愿望：我希望健健康康。

振动紊乱下的情绪或暗示：害怕！（这反映了信念与愿望之间的振动紊乱。）

新愿望与信念之振动融合：

体检结果并不意味着死亡；

人们完全可以从疾病中恢复；

有多种原因可以导致这种病症；

这种病症也有温和型的；

我一点也没有感觉到不适；

我的身体棒得很；

我的恢复力向来很强。

结果：振动差距弥合了。

令人担忧的状态：我全身乏力，没干劲儿，整天浑浑噩噩的。我总是折腾个不停，可什么也做不成，我觉得生活太压抑了。

愿望：我想要更多的能量，想拥有更积极的心态。

振动紊乱下的情绪或暗示：我快被压垮了！（这反映了信念与愿望之间的振动紊乱。）

新愿望与信念之振动融合：

我的本职工作一直完成得很好；

只要我愿意，没有什么做不好的事；

我觉得自己还有点精气神；

我有时也有乐观的一面。

结果：振动差距弥合了。

令人担忧的衰老：最近手脚没以前灵便了，脑袋也不灵光了，什么都记不住了。我全身都是伤痛，再也不敢小跑了。我真害怕80岁以后，连路都走不了了。

愿望：我希望身体灵活些。

振动紊乱下的情绪或暗示：真令人忧心！（这反映了信念与愿望之间的振动紊乱。）

新愿望与信念之振动融合：

大部分时候我都是健健康康的；

即使在年轻时，我的身体有时也会不听使唤；

我还记得高中时就有这种情况呢。

结果：振动差距弥合了。

第二十四章

我的家

令人烦恼的小屋：小屋乱得一团糟，空间太小了，东西没地方放。即使我有心整理，最后也只会乱上加乱。郁闷！崩溃了！

愿望：我希望屋子整齐清爽，可以随时找到要找的东西。

振动紊乱下的情绪或暗示：郁闷！要崩溃了！（这反映了信念与愿望之间的振动紊乱。）

新愿望与信念之振动融合：

我的屋子曾经也总是打理得整整齐齐的；

我住过比这更狭小的房子；

现在屋子里的许多物件我都用不着；

我可以处理掉一些东西，腾出更多空间来；

我不必一次全部都整理好，可以慢慢来。

结果：振动差距弥合了。

令人不爽的房子：住在一成不变的房子里，我早就厌倦了。这里处处不顺眼，可我也没钱买别的好房子。我甚至千方百计不回家，因为待在屋里实在太闷了。沮丧！伤心！

愿望：我想有个大房子，想有个舒适的家，我想有更多的钱买套好房子。

振动紊乱下的情绪或暗示：沮丧！伤心！（这反映了信念与愿望之间的振动紊乱。）

新愿望与信念之振动融合：

我的家具还是合乎心意的；

刚搬到这儿的时候，我多高兴啊！

这房子还是比较合适的；

也许可以做些室内装饰；

这些装饰可以给房子增添不少光彩。

结果：振动差距弥合了。

令人生气的邻居：过去的邻居和我相处得挺好，现在这个却一点也合不来。他家的狗总在我家院子里撒尿，破车老停在路中央，我都不愿让自己的朋友上门了。怨恨！愤怒！

愿望：我希望与邻居和睦相处，希望邻居们都能相互体谅。

振动差距下的情绪或暗示：怨恨！愤怒！（这反映了信念与愿望之间的振动紊乱。）

新愿望与信念之融合：

我的客人对邻居的评价都还不错；

过去隔壁邻居也挺不爱干净的；

这些邻居也许不久就搬走了；

他们的小孩真可爱；

在我们安静的花园里，我总是十分愉快。

结果：振动差距弥合了。

令人忧心的房屋质量：这房子总让人觉得不安生。刚开始结构就不好，住了10年后墙壁又渗水了。每次转一圈儿，我总能发现新问题。失望！泄气！沮丧！

愿望：我希望房子和合同上说的一样好，我想有个新房子。

振动紊乱下的情绪或暗示：失望！泄气！沮丧！（这反映了信念与愿望之间的振动紊乱。）

新愿望与信念之融合：

我喜欢一切表里如一；

我对事物的要求一直很高；

为了方便，当然要花更多时间来维持；

我很享受家中的诸多便利；

我的家里人也是如此。

结果：振动差距弥合了。

第二十五章

我的人际关系

令人失望的父母—儿女关系：我的女儿已经成年，但她总是对我很有怨言。不论我花多长时间陪她，她都还嫌不够。和她在一起时，大多数时间，她都在抱怨为何我只花这么点儿时间陪她。我工作很忙，空闲时间不多，抽空和她在一起时，还总得听她没完没了的抱怨。愧疚！生气！失望！

愿望：我希望和女儿相处得好，希望女儿快乐。

振动紊乱下的情绪或暗示：愧疚！生气！失望！（这反映了信念与愿望之间的振动紊乱。）

新愿望与信念之融合：

我们的关系会不断变化的；

我们的关系时好时坏；

好的时候……

女儿的性格还不错；

她男朋友人很好；

我很高兴她在意我和她在一起的时间。

结果：振动差距弥合了。

孤单的生活：我朋友不多，甚至连一个密友都没有，孤单的生活方式很无趣。我过去有过很多朋友，可都不是真心朋友，他们只会不断索取，不会给予我回报。泄气！孤单！

愿望：我希望拥有真正的朋友，希望友谊天长地久。

振动紊乱下的情绪或暗示：泄气！孤单！（这反映了信念与愿望之间的振动紊乱。）

新愿望与信念之融合：

我一直独来独往，非常独立；

我不希望依赖别人或被人依赖；

我喜欢有意思的谈话；

我喜欢有趣的事，喜欢与别人一起哈哈大笑。

结果：振动差距弥合了。

七年之痒：我依然爱着妻子，从前心动的感觉却消失了。刚结婚时，我总是迫不及待地回家，可现在，回家令我感到烦躁，她总是不断抱怨，只要不合心意就抱怨。我不想离开她，可是在一起又实在待不下去。气馁！失望！

愿望：我希望找回过去的幸福时光，希望与她白头偕老，我希望她快快乐乐。

振动紊乱下的情绪或暗示：气馁！失望！（这反映了信念与愿望之间的振动紊乱。）

新愿望与信念之融合：

我依然记得我们第一次约会的情景；

妻子总是为家事不停地操心；

一个整洁的家对她来说很重要；

妻子为我们营造了一个干净而整齐的家；

妻子常常家里家外忙个不停；

妻子总是不断地给我带来惊喜。

结果：振动差距弥合了。

唠叨的父母：我离家已有十多年了，可母亲总是拿我当小孩看，唠叨个不停。我因此很少回家，这让她更加生气，情况变得更糟了。可我们在一起的时候，我实在不愿听她唠叨，好像我依然不能独立生活似的。怨！生气！

愿望：我希望父母留给我足够的空间，希望母亲不要总是唠叨不停。我希望父母明白，我的生活我自己可以做主。

振动紊乱下的情绪或暗示：怨！生气！（这反映了信念与愿望之间的振动紊乱。）

新愿望与信念之融合：

父母总是愿意不断引导孩子；

有时候这习惯很难改变；

我知道父母都是为我好；

我也可以参考她们的建议；

老人的话有时确实是挺有智慧的；

我父母的建议肯定都是为我着想的。

结果：振动差距弥合了。

心情愉快意味着对本源的接纳或契合。
越快乐，越会有更多的快乐出现在生活中。

第二十六章

我的工作

糟糕的同事：和我同在一间办公室的那个人实在令我无法忍受了，她说话非常刻薄，还整日说个没完。她不喜欢这份工作，每当我卖力工作时，她总是视我为傻子，我真希望她被炒鱿鱼。人生苦短，老天却偏要我和这样的人一起度过上班时间。怨！怒！

愿望：我希望和容易相处的人一起工作，希望拥有融洽的同事关系。

振动紊乱下的情绪或暗示：怨！怒！（这反映了信念与愿望之间的振动紊乱。）

新愿望与信念之融合：

我早已学会工作时心无旁骛；

因为全神贯注，工作效率也很高；

我不知道是什么事惹她生气；

她的笑容很灿烂；

我相信，她也希望可以享受工作。

结果：振动差距弥合了。

年复一年的工作：和别人相比，我的薪水还不错，可我不想再继续待下去了。我日复一日、年复一年地重复工作，早已没有一丁点儿新鲜感。除非我出错了，否则几乎没有人注意到我的工作。时间总是难熬得很，一天天永远是相同的工作。无聊！无趣！

愿望：我希望更有乐趣、更有激情的职场生活，我希望重新拥有对工作的新鲜感。

振动紊乱下的情绪或暗示：无聊！无趣！（这反映了信念与愿望之间的振动紊乱。）

新愿望与信念之融合：

只要我深入工作本身，乐趣还是有的；

有些事情也能引发我的兴趣；

工作休息时，我可以做做小游戏；

改进工作方法的过程非常令人享受；

我也要尝试更多的任务；

我要找到更多展现自我价值的方法；

我为自己是一个有用之人而感到骄傲。

结果：振动差距弥合了。

无望的表演生涯：从小，我就一直希望成为一名演员。我也确实非常擅长表演。虽然我接下了不少演出任务，可都是跑龙套。想当演员的人太多了，我似乎一点希望都没有。也许我该放弃不切实际的梦想，做一份现实点的工作。失望！泄气！

愿望：我希望从事表演类的工作，希望自己的才华得以充分展示。我希望现在的工作可以为我带来更好的机会。

振动紊乱下的情绪或暗示：失望！泄气！（这反映了信念与愿望之间的振动紊乱。）

新愿望与信念之融合：

我有过演出机会；

我正在积累经验；

我渐渐明白了这份工作的意义；

我常常能碰到有趣的人；

我早已走了很长一段路；

我也有几个不错的表演片段；

我喜欢荧幕中的自己。

结果：振动差距弥合了。

挣扎中的财政：丈夫和我都工作好几年了，我们积攒了一笔钱，虽然不是很多，但足够维持一年的生活。我们希望拥有自己的公司，恰好一位朋友有足够的资金，就供我们做启动资金了。现在，两年过去了，我们依然在吃老本，而且老本也所剩无几，事业依然没有起色。忧心！泄气！

愿望：我希望我们的生意能够好起来，希望拥有体面的生活。

振动紊乱下的情绪或暗示：忧心！泄气！（这反映了信念与愿望之间的振动紊乱。）

新愿望与信念之融合：

我很高兴实现了做老板的梦想；

我对我们的朋友感激不尽；

我们现在的利润比起初高了点；

我们最终会摸索出解决办法的；

我们的口碑还不错；

我也很感激客户们的支持。

结果：振动差距弥合了。

第二十七章

我的财富

窘困的财政：我总是出现财政赤字。总有意想不到的花销，信用卡常常透支，我经常入不敷出，消费总是超过预算。妻子也有不少的收入，可孩子们长得很快，花销越来越大。愁！

愿望：我希望拥有足够的钱做想做的事，希望偿清债务，希望为家庭作出更大的贡献。

振动紊乱下的情绪或暗示：愁！（这反映了信念与愿望之间的振动差距。）

新愿望与信念之融合：

我们的生活很舒适；

几乎所有的必需品家里都具备；

我们的生活比父母那时候好多了；

孩子们对生活很满意，很少抱怨；

生子如此，夫复何求。

结果：振动差距弥合了。

糟糕的廉价车：自从走出校门后，我就开始攒钱买车了。我看中了一辆看上去不错的二手车，也恰好负担得起。可是买了不到两个月它就出毛病了，我不得不借钱修车。如今，我在这车上的花费都够买一辆新车了。怨！怒！

愿望：我想有一辆新车，希望物有所值。

振动紊乱下的情绪或暗示：怨！怒！（这反映了信念与愿望之间的振动紊乱。）

新愿望与信念之融合：

车毕竟修好了；

现在它一切正常；

我很高兴有人愿意借给我修车钱；

我记得第一次看见这车的兴奋劲儿；

这车越看越中意；

我很喜欢开这车兜风；

这车对我来说挺合适的。

结果：振动差距弥合了。

财富化为乌有：丈夫和我工作了一辈子，对于投资我们一直都很谨慎，因为我们知道自己不久就要退休了。我们本可以安享晚年，可是，儿子作为一位股票代理人，极力鼓动我们投资股市，许诺会有丰厚的回报，因此，我们就让他来打理一切。现在，我们一生积累的财富，我们美好的退休生活，都化为乌有了。伤心！害怕！愤怒！

愿望：我希望财富重新回来，希望早日安享晚年，希望和儿子好好相处。

振动紊乱下的情绪或暗示：伤心！害怕！愤怒！（这反映了信念与愿望之间的振动紊乱。）

新愿望与信念之融合：

我的孩子一直都很孝顺；

我们还没打算马上就退休；

我觉得现在的工作还是不错的；

我们的生活依然有许多美好之处；

我们的未来还有其他可能性。

结果：振动差距弥合了。

信用卡债务：许多信用卡公司向我发放了信用卡，我只需要激活，便可以透支一大笔钱。我不断地透支消费，用了一张又一张信用卡。现在，我连数额最小的债务都还不起了。忧心！害怕！

愿望：我希望有足够多的钱来还债，希望有更多的钱买想要的东西。

振动紊乱下的情绪或暗示：伤心！害怕！愤怒！（这反映了信念与愿望之间的振动紊乱。）

新愿望与信念之融合：

信用卡公司挺信任我的；

我一直都是守信的人；

我还有时间追求我所渴望的生活；

现在的生活比过去好多了。

结果：振动差距弥合了。

第二十八章

我的世界

不安稳的星球：地球总是不太平静。地震、泥石流、台风，海啸总是不时发生。我甚至不愿家里人离家太远，担心飞来横祸。忧心！害怕！

愿望：我希望一家人平平安安，希望大家都能健健康康，长命百岁。

振动紊乱下的情绪或暗示：忧心！害怕！（这反映了信念与愿望之间的振动差距。）

新愿望与信念之融合：

这类自然灾害自古就是如此；

人类依然能够繁衍生息；

人们一般都会在灾害发生前收到警报的；

地壳总是不断地运动，历来如此；

一切不过是杞人忧天。

结果：振动差距弥合了。

井底之蛙：我觉得自己就是井底之蛙。我只了解世界的一个小角落，有那么多的地方想去游览，可又总是抽不出时间，或者只能走马观花。我觉得错过了太多。烦！失望！

愿望：我希望能周游世界，希望拥有更丰富的经历。

振动紊乱下的情绪或暗示：烦！失望！（这反映了信念与愿望之间的振动差距。）

新愿望与信念之融合：

我依然有充裕的时间去旅行；

现在也许更适合先搜集世界各地的信息；

我想，可以先列出最想去的地方的名单；

有些地方游览的花销并不算多；

列出一串目的地也很有趣；

如果有一天还能在名单上做更改，也许更有趣。

结果：振动差距弥合了。

令人忧心的环境：我真为地球的环境担心。空气没有以前清新了，水也不能饮用了，鱼群都要死亡了，冰川也在不断融化。愤怒！害怕！

愿望：我希望青山绿水对我笑，希望留给后代一个美丽的地球。

振动紊乱下的情绪或暗示：愤怒！害怕！（这反映了信念与愿望之间的振动差距。）

新愿望与信念之融合：

技术的进步使得水的净化更容易了；

我们大部分的水源并未受到污染；

气候具有自我调节的功能；

虽然有臭水沟，但也有青山绿水；

呼吸着这里的空气，我依然健健康康；

地球的环境其实也没那么糟。

结果：振动差距弥合了。

第二十九章

弥合振动差距的功用

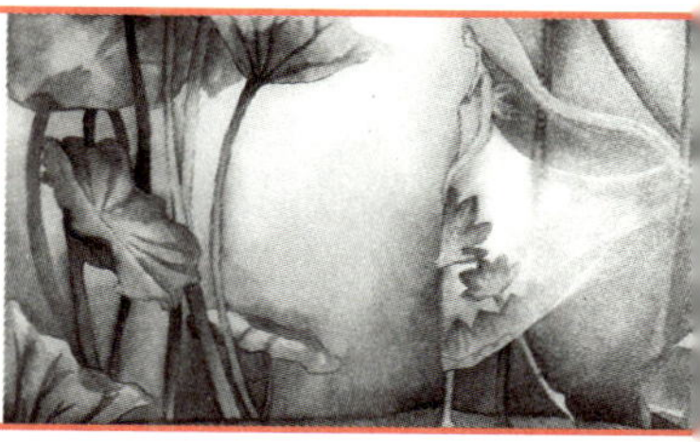

考虑到人是自我生活的创造者，人们常常会抱怨：身处逆境时很难想象美好的未来。他们认为如果现在情况不错，一定可以轻松地完成对未来细致、美好的想象。我们理解这种想法，也同意顺境比逆境更令人愉快。因此，许多人希望处于顺境，为美好的将来打下基础。

当回顾过去的诸多不幸时，许多人常常陷入消极的情绪中，如懊悔、怨恨等。他们总觉得自己是命运女神的弃儿，我们对此暂时不作评论。在这样的生活状态下，我们不否认，出现消极回应有其合理性。但是，我们也要指出，即使消极情绪的出现情有可原，也依然意味着自己正处于与愿望相排斥的状态。

这些判断总是惹恼许多人，因为他们一直都用这样的方式来感受生活。他们在阴影下待得太久，以致无法接受真理的光芒了。

自主创造还是无心之举

当我们向一些朋友解释，他们都是自我生活的创造者时，许多人都觉得记忆深处的某一部分似乎浮现了出来，他们希望创造自己的生活。人是振动宇宙中的振动存在，这一观念引起了许多朋友发自内心的共鸣。每个人都隐藏着一个情感引导系统，它可以帮助你了解自己的振动，也会随时为你指点迷津，帮助你判断当前的创造是否会在将来带来幸福。许多人也很快接受了这一观念。**但是大部分人，即使承认振动本性与情感引导系统的存在，他们发出的大部分振动也都是无心之举，而这些无意发出的振动也创造了他们的生活。**之所以如此，是因为他们的振动是基于对现实观察的回应，而非对期望现实的回应。

对于已经物质化的东西，大部分人是不得不承认的，所谓事实、证据莫不如此。人们会将之记录下来，详细地描述，历史也正是这样产生的。在这一过程中，事实的暂时性很难被人看出来。在我们看来，你对“现实”的无意识使得它得以持续存在，而它本来是富于变化的。由于你紧盯着“现实”不放，更多的“美好”现实无法进入你的生活。

我们希望你明白，现实不过是去往下一阶段的暂时落脚点，人生即是由此至彼。我们希望你铭记创造过程中的愉悦心情，不要总是禁锢于自己所创造的现实。两者之间的差异，你能感受到吗?

每个人同时有两条旅行轨迹

最近，我们访问了一位患有严重关节炎的妇女，她经常感觉非常痛苦。如果我们能够帮助她认识到疼痛仅仅是暂时的，她就可以有一个更好的状态。如果我们能让她的注意力从现实转移到别处，让她关注对未来的感受而非对短暂现实的感受，她的情形将会大有改观。

我们希望她明白，生活总是同时进行着两场旅行。当她在活动时，行动之旅（关节炎的现实）与情感之旅（她选择的感受）并行不悖。

从当前的状态（去往下一阶段的生活）看，她有两种选择：

她患有关节炎，同时觉得害怕、愤怒、担忧；

她患有关节炎，同时满怀希望。

她当前的关节炎正是行动之旅，是实实在在地发生着，是活生生的现实，我们也理解这为何吸引了她全部的注意力。如果她能够专注于自身情绪，暂时将行动之旅放在一边，很快，她的振动吸引点就会出现意想不到的变化。只要一直持续，她的身体将会不断恢复。

如果你总是发出与你已经实现的愿望相同的振动，你自然无法期望未来有所改变。为了改变生活，你必须首先改变自己的注意力、关注点以及振动。

第三十章

行动与情感

想象生活中你从一处到另一处的过程。也许你正开着车去某个城市，也许你正带着大包小包赶往车站。一般情况下，你都很清楚自己的目的地，总是向着某个确定的目标前进。我们将其称为行动之旅。

行动之旅可以从各个角度加以描述：你可以确定目的地的距离，可以描述旅途中的天气，可以相当精确地估计到达的时间。

行动之旅常常直截了当，易于定量，易于为大家所理解。

现在，你再来想象另一类运动轨迹。正是这看不见的轨迹为你生活的沉浮定下了基调。所谓生活的轨迹绝不仅仅在于从一个地方到另一个地方的迁移，更重要的在于迁移中的所思所感。我们将这一部分经历称为情感之旅。

我们希望你能明白，生活的轨迹不止一条。每时每刻，两条轨迹——行动之旅和情感之旅都并行不悖。行动之旅即对已经固定的时空和事物的认识；而情感之旅是对当下振动的回应，它决定了你的未来。

情感之旅与行动之旅的结合有着无穷的奥秘，我们会在书中提供许多例子。我们希望你能明白，情感之旅才是生活轨迹的核心；因为只有意识到自身的感受并有意识地将其掌控，你才能拥有对自己未来的发言权。这正是我们所说的自主创造。

另一方面，如果你只关注行动之旅，只对已发生的现实作出回应，令自己的感受顺从于现实而非引导现实，那么你终究无法成为自己生活的主人。我们将这称之为无心之创造。

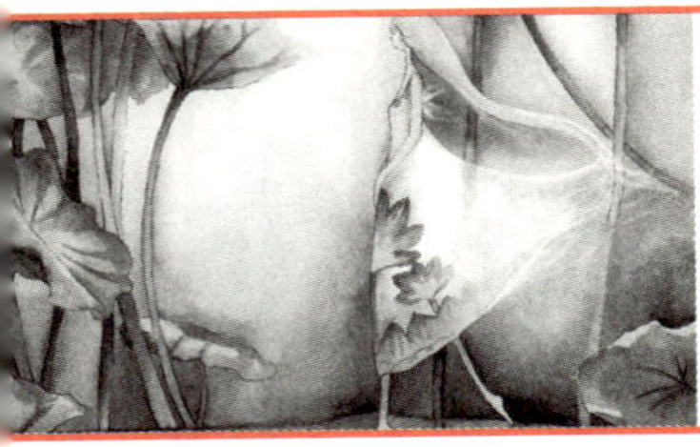

第三十一章

应用积极面之书

当你关注某事时，必会引发自身的振动，你的心情越愉快，效果便越好；当你寻找事物的积极面时，你便会激活有益的振动。能否找到最佳的振动并不重要，重要的在于，对积极面的寻找足以引导你向着正确的方向行进。

有时如果心情不好，你很难心平气和地列出一系列的积极面；但只要你下定决心寻找积极面，终会有所收获。一个接一个，很快，你就可能改变对这一主题的看法。

此过程简单易学，拿出一个笔记本，并在封面上写下：**我的积极面之书。**打开第一页即可写下某某积极面（可以写上任何你期望改善振动的主题），接着便可以列出一连串该主题的积极面。

不必搜索枯肠，只要将心放开并任其流入即可。写作伴思绪而动，继而细细品味自己所写。你可以向自己提问：自己的看法如何？自己的说法有道理吗？

在下列情感引导范围内，“积极面之书”最为有效：

1. 愉悦 / 知识 / 力量 / 自由 / 爱 / 欣赏
2. 激情
3. 渴望 / 快乐
4. 期望 / 信念
5. 乐观
6. 希望
7. 满足
8. 无聊
9. 悲观
10. 沮丧 / 烦躁

如果你的情绪比上面的更恶劣，也许其他措施更有利于弥合你的振动差距。无论何种主题，自我意识均可以改善每个人的情绪，接下来，现实生活也会随之发生变化。一切皆是吸引力法则使然！

下面是积极面之书应用的一些例子。它可以帮助你改善现实与理想的振动差距。

令人不爽的屋子：住在一成不变的房子里，我早就厌倦了。它处处不顺眼，可我也没钱买别的好房子。我甚至千方百计不回家，因为待在屋里就像进了牢笼一样。沮丧！伤心！

当前居住环境的积极面：

我现在的生活过得挺好；

在熟悉的地方生活更有亲切感；

我们可以花更多的时间做别的事；

我们的朋友可不愿与我们失去联系；

我和附近的邮递员、服务人员相处得很好；

我家的后院很不错，松树林和灌木丛就像我的老朋友。

糟糕的同事：和我同在一间办公室的那个人实在令我无法忍受了，她说话非常刻薄，还整日说个没完。她不喜欢这份工作，每当我卖力工作时，她总是视我为傻子，我真希望她被炒鱿鱼。人生苦短，老天却偏要我和这样的人一起度过上班时间。怨！怒！

我的工作环境的积极面：

我有一份满意的工作；

我有固定的收入；

我很高兴工作给我带来经济保障；

我和这儿的许多人都相处很好；

我的工作需要全神贯注，我很满意自己的高效工作；

我的同事办公桌总是很整洁；

她穿着很得体；

她的笑容很甜；

她的专业背景很适合我们的要求；

她的学习能力很强。

当你阅读这些例子或者反思自己的生活时，很容易陷入对与错、规律与现实之类的思想争论。但是，许多正确的事却创造了你所不愿意过的生活。过去的生活有其合理性，可是你总不希望将来亦是如此。

思考一个主题，并在你的“积极面之书”上进行整理，这远比你浪费大把时间争论某事正确与否要有价值得多。通过“积极面之书”，你可以调整信念与愿望之间的振动关系，“积极面之书”会令振动有所改善。享受这一过程，为自己加油，一直坚持下去，一切终将有所回报。

第三十二章

应用弧段计划法

“弧段计划法”就是一个人在一小段时间内主动控制自己的振动。这是引导振动变化的一种方式，简单易学。它可以帮助你从现有的感觉中超脱，令你成为感觉的主人。通过这一过程，情感之旅得以深化，行动之旅趋于淡化。

这一过程会令你更自如地掌控自己的思想，帮助你认清自己的想法，更自主地过滤各类专注点。最终，你会驻足于新的弧段，通往新的方向。

每当你的想法发生转变，你就进入一个新的弧段。当你洗碗时听到电话铃声响起，你进入了新的弧段；当你准备开车时，你进入了新的弧段；当另一个人走进屋子时，你进入了新的弧段。在进入新弧段前思考你的期望，显然比进入新弧段后才去观察生活要更有利于振动的改善。换言之，“弧段计划法”轻行动而重情感。

明白你所期望的感受以及弧段的具体展开方式，对你的人生大有裨益。

在下列情感引导范围内，“弧段计划法”最为有效：

4. 期望/信念
5. 乐观
6. 希望
7. 满足
8. 无聊
9. 悲观
10. 沮丧/烦躁
11. 压抑

身体状态：我全身乏力，没干劲儿，整天浑浑噩噩的。我总是折腾个不停，可什么也做不成，我觉得生活太压抑了。

新弧段：我刚下班，顺道买了一些食品和日常用品。我停完了车，熄灭发动机后准备将货物拎回家。在此之前，我准备应用弧段计划法。

新弧段的内容：将货物拎回家——整理好。

此弧段中的计划：在此弧段中，我希望精力充沛，心态积极；我希望享受厨房，享受美食。

年复一年的工作：和别人相比，我的薪水还不错，可我不想再继续待下去了。我日复一日、年复一年地重复工作，早已没有一丁点儿新鲜感。除非我出错了，否则几乎没有人注意到我的工作。时间总是难熬得很，一天天永远是相同的工作。无聊！无趣！

新弧段：我冲完澡，吃完早饭，开车去公司并刚刚停好车。在上楼前，我准备在车里待两三分钟，应用弧段计划法。

新弧段的内容：经理召开一小时左右的员工大会，每周一早晨的惯例。

此弧段中的计划：我希望准时到会。我希望容光焕发，心情愉快。我希望在会上有所收获，我希望别人因我的参加而感到愉快。

“弧段计划法”粗略看起来也许太简单而无价值，但是有意识地运用，将会令死水一般的生活变得激情澎湃、生机勃勃。

这一过程将会弥合你的当前信念和愿望之间的振动差异，因为它会令你不再关注现实而是关注未来。通过不断实践，你自然会逐渐倾向于关注积极面。如果你的负面情绪程度较轻，你会很容易对未来感到乐观；如果你的负面情绪较重，你也许无法带给自己积极的新弧段，只会把现有的负面情绪带到新弧段去。如果发现自己处于这种情况，要立即停止这一过程；因为这一过程无法改变你的负面情绪，只会令其延续到将来。

那么现在，你只需要满怀希望，乐享其中，化万物为己用，纳宇宙于己心。**通过实践，弧段计划法将会令你成为生活的艺术家。作为创造者，你将有权决定一切细节，塑造自己的生活，继而享受生活的美好。**

第三十三章

应用虚拟假设

大部分人从小就被培养成一个具有客观判断的人，他们会同时看到事物的一体两面（正面与负面）。当按照这种方式思考时，彼此矛盾的振动被同时激活，这必然阻止愿望在生活中呈现。你也许会说：“我希望未来可以这样，但现在还不是。”此刻你不仅激活了愿望的振动，愿望落空的震动也被同时激活，因此，什么也没有改变。即使你说了“我希望就是如此”，依然存在着阻止愿望实现的振动。

但是，如果换一种思考的方向，一切将会大不相同。当你说“如果愿望实现了，那不好极了！”你的愿望实现的阻力也许会小得多，振动与信念也会契合很多。

在下列情感引导范围内，虚拟假设最为有效：

4. 期望／信念
5. 乐观
6. 希望
7. 满足

8. 无聊
9. 悲观
10. 沮丧 / 烦躁
11. 压抑
12. 失望
13. 怀疑
14. 担忧
15. 抱怨
16. 泄气

小屋：小屋乱得一团糟，空间太小了，东西没地方放。即使我有心整理，最后也只会乱上加乱。郁闷！崩溃了！

如果：我可以找到一小间储存室，

我可以清理杂物并腾出更多空间；

我在后院另有一间储存室；

我老公卖掉旧车，在车库腾出更多空间；

我有一段空闲时间来收拾整理屋子；

擅长整理的人可以帮我，启发我；

那不好极了？

房子：住在一成不变的房子里，我早就厌倦了。它处处不顺眼，可我也没钱买别的好房子。我甚至千方百计不回家，因为待在屋里就像进了牢笼一样。沮丧！伤心！

如果：我可以将淘汰掉的东西放在后院；

我们可以买到物美价廉的家具；

我们可以整理出不需要的杂物；

我们可以找到一处新房子（在承受范围内）；

我们可以在房子后面再添一居室；

我们把墙壁粉刷成新的颜色；

那不好极了？

令人不安的邻居：过去的邻居和我相处得挺好，现在这个却一点也合不来。他家的狗总在我家院子里撒尿，破车老停在路中央，我都不愿让自己的朋友上门了。怨恨！愤怒！

如果：这些邻居过几天就搬走；

他们家的狗学会到厕所撒尿；

他们能将破车都卖了；

我错怪他们了，他们好得很；

我连自家的院子都忙不过来，对邻居不太注意；

那不好极了？

房屋质量：这房子总让人觉得不安生。刚开始结构就不好，住了10年后墙壁又渗水了。每次转一圈儿，我总能发现新问题。失望！泄气！沮丧！

如果：我们可以找到技艺高超的泥水匠；

这是最后一次修补；

我们的房子保质期再长一些；

我们买的东西质量好，保质期长；

我们可以坦然面对并接受优劣变奏；

我们的收入越来越高；

那不好极了？

父母—儿女关系：我的女儿已经成年，但她总是对我很有怨言。不论我花多长时间陪她，她都还嫌不够。和她在一起时，大多数时间，她都在抱怨为何我只花这么点儿时间陪她。我工作很忙，空闲时间不多，抽空和她在一起时，总是在听她没完没了的抱怨。愧疚！生气！失望！

如果：我们可以花更多时间一起娱乐；

我们可以每天花点时间相互交流，无所不谈；

我可以让她的笑容更灿烂；

她可以做自己喜欢的事；

她的生命可以更加充实而美妙；

我们可以相互鼓励；

那不好极了？

七年之痒：我依然爱着妻子，从前心动的感觉却消失了。刚结婚时，我总是迫不及待地回家，可现在，回家令我感到烦躁，她总是不断抱怨，只要不合心意就抱怨。我不想离开她，可是在一起又实在待不下去。气馁！失望！

如果：我们可以保持第一次接触的感觉；

我迫不及待地回家和她在一起；

她也可以找到真正的爱好；

我们可以有更多的共同乐趣；

她能把生活的苦恼先放在一边；

我们一直相知相爱，白头偕老；

那不好极了？

唠叨的父母：我离家已有十多年了，可母亲总是拿我当小孩看，唠叨个不停。因此我很少回家，这让她更加生气，情况变得更糟了。可我们在一起的时候，我实在不愿听她唠叨，好像我依然不能独立生活似的。怨！生气！

如果：我母亲可以发现一个有益身心的爱好；

她的朋友带给她不同的启示；

她认识到我已经是一位负责任的成年人；

她不因我而烦恼；

我深爱她并忍受唠叨；

我们只在心情愉快时见面；

那不好极了？

信用卡债务：许多信用卡公司向我发放了信用卡，我只需要激活，便可以透支一大笔钱。我不断地透支消费，用了一张又一张信用卡。现在，我连数额最小的债务都还不起了。忧心！害怕！

如果：我无债一身轻；

我能按时还清月供；

我可以找到低息的信用卡；

我可以还清信用卡，只保留几张以供不时之需；

我可以找到赚钱的好办法；

有一个全新的想法能解决问题；

那不好极了？

当你每天为生活而奔波，遇到的不同情况时，会激发起各式各样的振动。有些事令你开怀大笑，有些事则令你愁眉苦脸；有些事你会坦然面对，有些事则会漠然处之。虚拟假设可以帮助你保持愉快的感觉，只要你集中注意力，虚拟假设会为你带来更积极的振动，更纯粹的思考。

任何注意力无需集中的时候，你都可以进行虚拟假设的游戏。愿望与信念之间的振动差距也会逐渐弥合，依据振动契约，愿望也将会在生活中出现。

只要持续练习，生活中各个方面的愿望与信念都将渐渐融合。虚拟假设游戏有着令人惊异的力量。

第三十四章

哪个想法更好

如果你能坐下来并将想法写下来，这个过程也许更加有效。最终当你熟能生巧时，只要在脑中一闪念，你就能抓住重点。写作可以令你注意力更加集中，也令你更容易分辨思想的方向。

写下你对某个主题的简单陈述。你可以描述事实，但重点应在于你的感受本身（这可以令你更清楚自身的细微变化）。

一旦写出了对现有观感的陈述，你可以对自己说：**在这一主题上，我希望可以有一些更愉快的想法。**接着，写下一系列可能令你更愉快的想法（在结论部分给出评价：与起初相比更好、相同或变差）。

通过改变对某一主题的观感，你可以弥合愿望与信念之间振动关系的差异。最终，现实情况也会慢慢改善，你的生活随振动而变，当你心情愉悦时，一切都在发展。

下列情感引导范围内，这一过程最为有效：

4．期望／信念

5. 乐观

6. 希望

7. 满足

8. 无聊

9. 悲观

10. 沮丧/烦躁

11. 压抑

12. 失望

13. 怀疑

14. 担忧

15. 抱怨

16. 泄气

17. 愤怒

年老体衰：最近手脚没以前灵便了，脑袋也不灵光了，什么都记不住了。我全身都有伤痛，再也不敢小跑了。我真害怕80岁以后，连路都走不了了。

关于这一主题，我希望有一些更积极的想法。

我应该经常出来走走，可我无法强迫自己。（相同）

我可以只走一小段路，随时可以休息。（更好）

我连走路的精力也没有了。（更糟）

如果我每天走几步，我可以慢慢恢复。（更好）

最终，我可以享受林中散步。（更好）

我不必现在就开始马拉松式长跑。（更好）

我可以随意选择自己的路程和速度。（更好）

当我走路时，我的膝盖受伤了。（更糟）

如果慢慢走，就会没事。（更好）

过去我的身体也很棒。（更好）

我有好长时间没有锻炼了。（更糟）

我一定可以每天走一小段。（更好）

我想我会试一试。（更好）

我希望心情更愉快。（更好）

生龙活虎的生命，我是多么渴望啊！（更好）

表演生涯：从小，我就一直希望成为一名演员。我也确实非常擅长表演。虽然我接下了不少演出任务，可都是跑龙套。想当演员的人太多了，我似乎一点希望都没有了。也许我该放弃不切实际的梦想，做一份现实点的工作。失望！泄气！

关于这一主题，我希望有一些更积极的想法。

我总是没有演出机会，只有试镜机会。（更糟）

我不知道如何是好。（更糟）

我不明白那家伙为何被导演相中。（更糟）

我在积累表演经验。（更好）

我现在明白了试镜的所有流程。（更好）

试镜时，我没有那么怯场了。（更好）

大明星不也要从小事开始嘛。（更好）

如果他们能成功，我一定也能。（更好）

出演主角的感觉真不错。（更好）

我相信自己一定能够胜任。（更好）

回首往事，这条路，我已经走了很远了。（更好）

现在是轻松的时候了。（更好）

廉价车：自从走出校门后，我就开始攒钱买车了。我看中了一辆看上去不错的廉价车，也恰好负担得起。可是买了不到两个月，它就出毛病了，我不得不借钱修车。如今，我在这车上的花费都够买一辆新车了。怨！怒！

关于这一主题，我希望有一些更积极的想法。

这太不公平了。（更糟）

他们卖给我时就知道这车不好了。（更糟）

商家太不讲信用了。（更糟）

至少车子现在还跑得动。（更好）

自从买了这车，我很郁闷。（更糟）

单从车型看，我还是挺喜欢的。（更好）

价格确实很便宜啊！（更好）

吃一堑，长一智。（更好）

不再抱怨，还有美好的未来等着我呢。（更好）

财富化为乌有：丈夫和我工作了一辈子，对于投资我们一直都很谨慎，因为我们知道自己不久就要退休了。我们本可以安享晚年，可是，儿子作为一位股票代理人，极力鼓动我们投资股市，许诺会有丰厚的回报，因此，我们就让他来打理一切。现在，我们一生积累的财富，我们美好的退休生活，都化为乌有了。伤心！害怕！愤怒！

保持自身能量的平衡是通往物我两忘境界的惟一途径。

关于这一主题，我希望有一些更积极的想法。

我们怎么会那么傻呢？（更糟）

儿子不应该拿我们的钱投入股市。（更糟）

儿子的领导应该坚持多元化的投资策略。（更糟）

我们的生活依然不错。（更好）

我们还未退休。（更好）

我们还有工资收入。（更好）

我们可以处理好当前的危机。（更好）

我们会想出办法的。（更好）

我们还有充裕的时间想办法。（更好）

不安稳的星球：地球不太平静，地震、泥石流、台风、海啸总是不时发生。我甚至不愿家里人离家太远，说不定就有飞来横祸。忧心！害怕！

关于这一主题，我希望有一些更积极的想法。

如果碰到这类灾难，实在是糟透了。（更糟）

单单想象一下，就令人害怕。（更糟）

我活了大半辈子也没碰到过这类事。（更好）

技术的发展使得灾难预警技术不断成熟。（更好）

我的孩子们都很机灵，明白灾难逃生的办法。（更好）

我们都未遇到过这类灾难。（更好）

杞人忧天是毫无意义的。（更好）

环境问题：我真为地球的环境担心。空气没以前清新了，水也不能饮用了，鱼群都要死亡了，冰川也在不断融化。愤怒！害怕！

关于这一主题，我希望有一些更积极的想法。

我们要更好地改善地球环境。（更糟）

人们总是自私自利，连举手之劳也不愿意做。（更糟）

我回过小镇，看不出多大的变化。（更好）

有些地方的污染会相对比较严重。（更好）

50 年前也是如此。（更好）

随着大家环境意识的增强，环境标准也提高了。（更好）

事情开始好转了。（更好）

哪个想法更好？这个游戏击中了振动差距的要害。当你享受游戏时，你正以最高的意识水平利用自己的情感引导系统。就请你自主选择陈述，品味感觉，再进一步改善陈述，这正是自主创造的主要内容。

观察眼前的事物很简单，让想法从你脑中涌现也不费劲，而选择自己的所思所想却要下大工夫才行。当你作出正确的决断（通过将自己的经验与他人的进行对照），现实与理想的振动鸿沟也会变小，生活中自然会越来越幸福，这正是所谓的自主创造。

第三十五章

应用钱包术

我们再三强调，当前的生活现实远不如你自己对生活的感受重要，因为生活总是处于不断的变化之中。许多人一看到这类观点就会嗤之以鼻，因为他们相信事实是凝固的围城，怎么也出不去。至少他们的生活经验是一直支持这类看法的。

如果你觉得事实几乎不发生变化，或变化得极其缓慢，原因在于：你的注意力大部分局限于现实的生活，几乎没有注意你渴望的生活。

由于金钱在日常生活中随处可见，现实与愿望之间振动关系的微调也会令你的生活产生巨大的变化。如果你渴望更多的财富，然而每念及金钱你便感到焦虑，此时情感引导系统正在暗示你处于错误的方向。在事实改变之前，有关主题的振动（信念与愿望）必须首先改变；万事俱备后，愉快的心情如一阵东风，人生之船就会向着新的目标进发。

富足是生活的本质，钱包术将会令你的振动足以吸引财富，而非抗拒它。

在下列情感引导范围内，“钱包术”最为有效：

6．希望
7．满足
8．无聊
9．悲观
10．沮丧／烦躁
11．压抑
12．失望
13．怀疑
14．担忧
15．抱怨
16．泄气

钱包术：首先在钱包里装上100美元。随时记住你带着100美元，感觉它给你带来的喜悦以及安全感。

走在大街上，你可以记下所有能用100美元买到的东西。只要没有一次性花掉，每次想到所购买之物时，你的振动均会有所改善。如果你将100美元一次性消费完，你只能感受到一次花100美元的愉快；如果你将100美元想象地消费了二三十次，你将感受到消费两三千美元的快乐。

每次你确信自己有能力购买某商品，你的富足感也会随之加强一次，你的吸引点就会跟着开始变化：我可以要这个，也可以要那个，我有足够的钱买。

因为你确实这样做了，这就是你的本意和吸引点。所以，财富之流将会畅通无阻地流入你的生活。“钱包术”简单却有效，它会改变你的财政吸引点。

阅读下面的例子，看看你是否能辨认阻止事物改善的振动，是否感受到振动的转移。

财富化为乌有：丈夫和我工作了一辈子，对于投资我们一直都很谨慎，因为我们知道自己不久就要退休了。我们本可以安享晚年，可是，儿子作为一位股票代理人，极力鼓动我们投资股市，许诺会有丰厚的回报，因此，我们就让他来打理一切。现在，我们一生积累的财富，我们美好的退休生活，都化为乌有了。伤心！害怕！愤怒！

钱包术：我们决定出去兜兜风，每个人带上100美元。我们计划用一个小时左右去商业街逛逛，不断想象用100美元消费。只要看到想要买的东西，我们就要享受购物的乐趣。因为我们的钱就在这儿，我们可以购买任意商品，我们还可以到别处转转，想买什么就买什么。

让我们在这里享用晚餐吧，我喜欢这儿的风格；

我们可以在花店旁停下，买一大束鲜花；

我们可以买一套户外餐具；

我们可以为孙子孙女买摇篮；

我们可以订购一些木炭，壁炉要生火了；

我要享受一天温泉；

我要弄一个新发型；

我要买一双新鞋；

我还要……

毛毯美极了，价格太公道了！

我要两三个大花盆；

我要那些装饰灯；

我要申请一个新邮箱；

我要把车美容一次；

我喜欢那个摇椅，它正好和阳台相配；

这些长袜也不错。

当你第一次玩这个游戏时，在确认了想买的东西后，你也许会泛起囊中羞涩之感。在游戏的前几分钟，心情也许很沉重；但当你继续游戏时，一切都会大不相同，你会开始承认，只要愿意，金钱并不是问题；当你玩得更久时，所有不快一扫而光。不快一旦消失，阻滞也会随之而去。一旦阻滞消失了，你的财政状况必然会柳暗花明。

第三十六章

应用专注轮

“专注轮”也许是诸多手段中最为有效的办法。它能以最有效的方式弥补你的信念与愿望间的振动差距。通过“专注轮”，你可以真正感受到自身能量契合的不断提升。

想象你正站在一个转动的大圆盘的边上，正打算跳上大圆盘，但是它的转速太快，你无法跳上去。圆盘与你的动量相差过大，你总是又滚下来了。如果大圆盘转速降低了，你就可以更轻易地跳上去，即便它再加速，你也可以继续留在上面。与此类似，你的愿望与信念之间同样存在着振动差距，为了两者的契合，要么你的愿望降低，要么你的信念加速。

通过这一过程，你可以减缓愿望的振动，以便让自己上去；一旦上去以后，你就可以再让振动加速了。

在以下引导范围内，“专注轮”最为有效：

8．无聊

9．悲观

10．沮丧/烦躁

11．压抑

12．失望

13．怀疑

14．担忧

15．抱怨

16．泄气

17．愤怒

如何开始“专注轮”呢？在纸上画一个大圆，接着以大圆圆点为圆心，再画一个小圆，双眼紧盯小圆。

闭上眼一段时间，并回想一些曾令你感到不快的事情，确定哪些事是你所厌恶的。

对自己说，我已经清楚了我所厌恶的事情。那，什么是我所期望的呢？

你可以以自己喜欢的方式确定哪些是自己所厌恶的和所期望的，然后，在小圆圈中写下你的愿望。

接着，在大圆的内边缘写下与你愿望相符的陈述。当你发现陈述与愿望相符时，你的内心将有所触动。如果两者不合，你就又会被从圆盘上甩到草丛中。

“专注轮”效果奇佳的原因在于，这些陈述都是你自己有意选择的，它们是你所相信的，往往与你的信念相符。根据吸引力法则，只要你能将一个想法坚持 17 秒，另一个相似的想法就会出现，这两个想法契合产生的力量还会更大。

当你产生了其他令人愉快的想法，你可以继续将其写在大圆的外边缘。想象一个时钟，从12点的地方开始，1点，2点，直到你有了12个愉快的想法。

当你写到了11点时，转动“专注轮”圈中的文字，你会觉得与那些刚刚写下的期望又近了一步。而几分钟前，你还远在振动频率之外。

身体状态：我全身乏力，没干劲儿，整天浑浑噩噩的。我总是折腾个不停，可什么也做不成，我觉得生活太压抑了。

我不希望的：我不希望颓废。

我所希望的：我希望过激情昂扬的生活。

我要跳上专注轮（你可以感觉到自己是否被甩到灌木丛中，你也可以感觉自己的陈述是否与当前愿望相近）：

我必须控制自己（未成功）。

我不能继续浑浑噩噩（未成功）。

我有过比现在更美好的生活（成功）。

（这一陈述与你的愿望振动契合，因此可以将其写在12点的位置，如果发现了其他契合的想法，继续在1点、2点写下去）。

我通常都精神饱满（1点）。

我真喜欢这种美好的感觉（2点）。

随着愿望与现实之间的振动契合，你现在可以更稳固地立于“专注轮”。转动吧，“专注轮”！与愿望相符的陈述越多，你就越能稳固地立于“专注轮”之上。

我的身体可以自我调节（3点）。

我现在感觉好多了（4点）。

每天我都在变强（5点）。

我希望天天饭后散步（6点）。

出去走走真不错（7点）。

今天阳光明媚（8点）。

我有强壮的体魄（9点）。

一切都很好（10点）。

我对现在的生活十分满意（11点）。

这个游戏令你的精力集中于现实与理想的差距上，不一会儿，振动差距便会有相当大的弥合。实际上，你完全可以在“专注轮”中写下此刻的感受，它肯定与你的愿望相符：

我觉得强壮，有干劲儿。

孤单的生活：我朋友不多，甚至连一个密友都没有，孤单的生活方式很无趣。我过去有过很多朋友，可都不是真心朋友，他们只会不断索取，不会给予我回报。泄气！孤单！

我不希望的：我不希望孤单一人。

我所希望的：我希望有一两个人生知己。

我要跳上专注轮（你可以感受到自己是否被甩到灌木丛中，你也可以感觉自己的陈述是否与当前愿望相近）：

知己难觅（未成功）。

我从来没交过真心朋友（未成功）。

我看到别人交到了知心朋友（成功）。

（这一陈述与你的愿望相近，你可以将其写于12点处）。

我也遇到过一些谈得来的人（1 点）。

我不一定要刻意追求（2 点）。

如果遇上知心人，我一定会抓住（3 点）。

如果我待人以诚，别人亦会如此（4 点）。

（你的阻滞消退不少，振动进一步融合，继续努力）。

我们似乎没有非见不可之人（5 点）。

我周围的人都不错（6 点）。

也有许多人在找朋友（7 点）。

如果我换个想法，朋友也许就会出现（8 点）。

交朋友的办法有很多（9 点）。

我希望与朋友在一起（10 点）。

这就像一个新的开始（11 点）。

你已进入契合状态，将下文写入“专注轮”中心：

我为即将到来的朋友而兴奋。

同事：和我同在一间办公室的那个人实在令我无法忍受了，她说话非常刻薄，还整日说个没完。她不喜欢这份工作，每当我卖力工作时，她总是视我为傻瓜，我真希望她被炒鱿鱼。人生苦短，老天却偏要我和这样的人一起度过上班时间。怨！怒！

我不希望的：我不希望和讨厌的人在一起。

我所希望的：我希望和好相处的人待在一起。

我要跳上专注轮（你可以感受到自己是否被甩到灌木丛中，你也可以感觉自己的陈述是否与当前愿望相近）：

我希望她最好被解雇。（未成功）

我希望能换个办公室。(未成功)

我很享受工作的挑战。(成功)

(这一陈述与你的愿望相近，你可以将其写于12点处。)

我很享受工作中的乐趣。(1点)

现在的工作很顺手。(2点)

(你的振动好多了，继续保持，直至愉悦充满全身。)

我希望可以锻炼自己的注意力。(3点)

当我思路清晰时，别人一般会听从我的建议。(4点)

我要努力做个好榜样。(5点)

她一定有好的愿望。(6点)

我对同事的了解有待加深。(7点)

我的生活一直很顺利。(8点)

我和大部分朋友都关系不错。(9点)

只要诚心相待，和谁都能成为好朋友。(10点)

我打算和她和解。(11点)

在圈中心写下：

我希望有更融洽的人际关系。

表演生涯：从小，我就一直希望成为一名演员。我也确实非常擅长表演。虽然我接下了不少演出任务，可都是跑龙套。想当演员的人太多了，我似乎一点希望都没有了。也许我该放弃不切实际的梦想，做一份现实点的工作。失望！泄气！

我不希望的：我不希望付出努力却没有回报。

我所希望的：我希望得到导演的赏识。

我要跳上专注轮（你可以感受到自己是否被甩到灌木丛中，你也可以感觉自己的陈述是否与当前愿望相近）：

我天天试演。（未成功）

别处一定会有人雇我。（未成功）

上周的试演真有趣。（成功）

（振动差距已经足够接近，可以跳上“专注轮”了。将其写于12点。）

我喜欢和有趣的人打交道。（1点）

我现在很轻松，工作也不错。（2点）

有时某个任务不适合我也很正常。（3点）

我希望在适合的时候能够被选中。（4点）

许多明星都是从小角色开始的。（5点）

试演带给我更多的经验。（6点）

我现在上台一点也不胆怯了。（7点）

我觉得自己正在不断进步。（8点）

我的自信心不断增加。（9点）

我觉得自己很适合这一行。(10点）

我喜欢做演员。(11点）

愿望与信念的振动在此刻契合，可将下文写入圈中：

我将享受即将到来的多场演出机会。

一旦关注于非渴望之物太久，振动会与你真正的渴望相悖，再将注意力转移到你的期望上会更难了。为了创造更好的未来，你必须重新发现注意力所在，“专注轮”正是为此量身打造的。它帮助你从当前状态到达更契合、更高频的振动中，这一办法能够帮助你消除阻滞。

这一过程的力量在于两个字：专注。当你全神贯注于一件事并将它写于纸上时，你的专注力和能量就会得到提升。画大圈将会强化你的自主意识，另外，在刚开始时阐明你目前的处境会放大你的振动紊乱。在开始写前面几个句子时，让转轮转动起来常常需要比平时更多的注意力，这是振动发生最大转变的时刻。一旦你的陈述在12点上出现，就只需要较少注意力便可保持了；随着陈述的增加，振动也趋于稳定，愿望与信念的振动差距亦随之弥合。

我们可以将“专注轮”用于任意主题，借此改善生活、发展人际关系、吸引财富、促进发展。这是一个值得学习的方法，它可以改善你的一切！

第三十七章

应用云梦术

“云梦术”可以助你达到身心合一的理想境界。它可以确定你的振动是否有益自身，可以帮助你明白什么是你真正的吸引点；它是利用人类想象的手段之一，即假装愿望已经实现。

当你关注于自身现存的愿望时，显然无法轻易意识到愿望的缺失。通过实践，不断调整振动，你就可以扭转乾坤了。即使你的愿望尚未显现，你的振动也是与之保持一致的，那么，愿望终会成为现实。

在这一过程中，你的目标是酝酿可以产生良好振动的场景，创造令人愉悦的场景，创造得以容纳愿望的梦境。

通过回忆，你可以想起与现在的愿望相似的美好过去，你可以通过想象将其放到现在。你可以关注现实中拥有这种美好生活的人们。当你关注愿望的细节时，相关的振动就会被激活，你不是只有生活在其中才能提供某类振动，但是，一旦你提供了某类振动，不久后它必将在你的生活中出现。

不断地练习“云梦术”，从熟练到精通，你会越来越顺手，也会体会到更多的乐趣。通过选择性记忆，你激活了新的振动，振动吸引点也会随之改变；随着振动吸引点的变化，生活亦随之而变。

在以下情感引导范围内，“云梦术”最为有效：

10. 沮丧/烦躁
11. 压抑
12. 失望
13. 怀疑
14. 担忧
15. 抱怨
16. 泄气
17. 愤怒

七年之痒：我依然爱着妻子，从前心动的感觉却消失了。刚结婚时，我总是迫不及待地回家，可现在，回家令我感到烦躁，她总是不断抱怨，只要不合心意就抱怨。我不想离开她，可是在一起又实在待不下去。气馁！失望！

回忆：第一次和她见面的场景依然历历在目。我对她一见倾心，她的举手投足、一颦一笑都那么令我心动。她是一个完美的聆听者，对我所说的任何事总是兴趣盎然。从那一刻起，我就知道她将成为我的另一半。

（对美好往事的回忆可以极大地改善你的振动。因为当你回忆美好时光时，你会激起与当时同属一类的振动，而且，你不可能在怀念过去的同时又考虑现在。）

想象：想象着自己完成了工作正打算回家。我准备开车回去，我的爱车漂亮极了，我总是以此为傲。当我打开CD播放器时，妻子最爱的音乐缓缓响起。我知道她昨天开车时也一定在听这张CD，我的妻子总喜欢将CD留在机器上。我希望可以早点回家与她共享晚餐，她是我快乐的源泉，生活有了她才会更美好。

（要注意，在想象的过程中不要跨度过大，你总不能期待任何事情都会发生，你无法立即改变你的妻子。你想象的目的只有一个：关注切身之事时，让自己保持良好的心态。这些场景虽说是虚拟的，却可以实质性地改变现实与愿望的振动关系。事情将会不断发展，至少你现在的心情挺不错。）

财富：丈夫和我都工作好几年了，我们积攒了一笔钱，虽然不是很多，但足够维持一年的生活。我们希望拥有自己的公司，恰好一位朋友有足够的资金，就供我们做启动资金了。现在，两年过去了，我们依然在吃老本，而且老本也所剩无几，事业依然没有起色。忧心！泄气！

回忆：我依然记得第一笔收入带来的喜悦。由于没有债务，我觉得自己很快就会有万贯家财，我为此兴奋了好几周。

（一次美好的回忆可以起到很好的作用，因为这是曾经对你有所触动的事情，它是完全真实的，包含极少与愿望相矛盾的振动，你相信它。当你回忆过去，并激活了与你的愿望相符的信念时，你正处于振动契合状态，你的生活也必会随之而变。）

想象：我正在填写支票，这是偿还给朋友的最后一笔债务。他为我们能够迅速赢利而感到高兴和惊喜。我仿佛能看到丈夫将支票送给朋友时是多么高兴。他们是非常要好的朋友，得到朋友信任的感觉真是太棒了。我们的点子大获成功也同样值得庆贺。我们才刚刚起步，还有更多值得我们去发现、去经历、去享受的事情。

（喜好与厌恶无法在你的关注中并存。通过对美好场景的想象，你的目光从不幸的现实中移开，振动也随之转变了，与愿望契合的振动随之而来。）

如果理解了振动的力量，你绝不会停留在不幸的现实中。现实是相当短暂的，它可以随时转化为令你愉悦的情况、事件、场景。

不安稳的星球：地球总是不太平静。地震、泥石流、台风、海啸总是不时地发生。我甚至不愿家里人离家太远，担心有飞来横祸。忧心！害怕！

回忆：我还记得小时候的趣事。在我们的前院有两排灌木，我常常在那玩耍。我还搭过一个小木屋，总会花大半天不停地调整小木屋，有时我也会将屋子里的玩具拿出去玩。

（当你感觉不好的时候，没有必要去关注如何解决世界的问题，甚至连如何解决你自身的问题都不必关注。只要拥有温馨的记忆，幸福就会回到你身边，而当你与幸福相伴时，生活自然美妙得很。）

想象：我带着全家去度假。这座山虽然名气不大，可我们每年都来。孩子们可以到处疯跑，也可以和其他孩子一起玩耍。这里的氛围非常温馨。我们没有安排固定的时间日程，一切都随性而为。

（对思考的被动回应远不如主动创造有效。当你可以自由地通过感受来选择思路时，你可以更好地控制振动。）

第三十七章 应用云梦术

许多人将白日梦或幻想视为无益之事，其实，通过它们，你才可以利用情感引导系统来调整自身的振动。这是一个自我创造的过程。

回忆与想象之间的差距并不大。因为在这两种情况下，你所关注的事物都没有在真实世界中发生。当你积极地关注非此时发生的事情时，很多可以让生活变化的振动才会被激活。如果你的双眼始终未能从现实离开，一切都将照旧。

第三十八章

应用免债术

在以下情感引导范围内，“免债术”最为有效：

10．沮丧／烦躁

11．压抑

12．失望

13．怀疑

14．担忧

15．抱怨

16．泄气

17．愤怒

18．仇恨

19．憎恶／怒

20．嫉妒

21．害怕／愧疚／无益

22．痛苦／抑郁／绝望／无力

首先设计一个账本，它的栏数依据你每月的基本支出而确定。现在，从最左边一栏开始写下每月最大的一笔开支。例如你每月最大的支出在你的房租上，你可以在顶头上写下：房租。在第二行，你可以写下具体数额，圈一个圈表示每月应付的钱。第三行写上你尚未偿清的账务。

在第二列可以写上第二笔支出，如此依次写下去。在账本的标题处写下：**我希望可以及时偿清这些债务，在某些情况下，我还会加倍地偿还。**

每次收到账单，你要随时修改账簿并算出每月最小的数目。如果和上个月相同，就写下相同的数目。

当你第一次收到账单，或者偿还最右列的账务时（也就是你每个月最少的账务），提供一张两倍于账单的支票，同时写下你尚未偿清的债务。

这个游戏一眼看上去似乎怪得很，但即使无法偿还全部债务，你依然要双倍偿还最右边的债务。你不仅为偿还债务而努力了，在一些债务上，你还加倍偿还了，为此你要感到很高兴。

因为你以新眼光来看待财富，相应的振动就会发生转变。即使你的努力给自己带来的自豪感极其微小，振动依然会转变。你信守加倍偿还的诺言，你的振动就会转变。振动一变，财富亦变。

如果你将自己的每一份债务都清清楚楚地写在账本上，新的关注将会改善你的处境。面对一份新账单时，你不再沮丧，你会热切地希望将之写在账本上。随着态度与振动的转变，你的财政状况也会有所改变。

意想不到的财富会在生活中出现，物美价廉的商品会主动找到你，你手中的钱也会更多了。各类有关财富的事情都会有所变化，这是对你的振动改变的回应。

随着资金的宽裕，你希望在最右边的账单上继续偿还一部分，不久后，你发现这一列账单已经偿清了。随着财富之门的打开，一列列账单渐渐消失了。

你对财富的心态会慢慢转变。如果不断练习，有关财富的振动将会有显著的转变。如果你希望偿清债务，你的债务就会偿清。

债务本身并非不祥之物，如果你总是放在心上，有关财富的振动便成为一种阻滞。当债务减轻时，你觉得轻松自由了许多，阻滞自然也减少了，因而你可以接纳更多的财富流入生活。

任何令你心情愉快的手段都会令你的金钱振动发生改变。然而，如果你有一身债务，“免债术”无疑是最有效的手段，它可以帮助你从不同的角度看待财富。

在日常生活中，人们总是会对现实产生有关财富的振动，但却常常无法控制。

“免债术”同样通过对日常生活的关注来诱发你的振动（通过记录和确认债务等方式），但是它的角度有所不同。考虑你所能做到的而非你不能办到的，你将明显感觉到转变。它是一个非常实用的手段，一定可以转变你的振动。

“免债术”运用几周后，害怕与担忧就会一扫而空，希望、愉悦等积极情绪将主宰财富这个主题。这个游戏将会助你摆脱债务，平衡有关财富的振动与能量。一旦有关财富的能量趋于平衡，振动契合亦会为期不远；而一旦失去了能量平衡，财富也必将失衡。

第三十九章

应用职业经理人

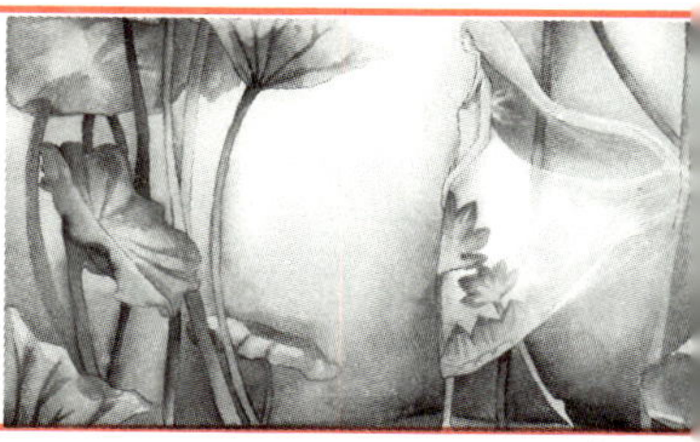

想象你是一个拥有上千位员工的大公司的所有人。大公司的员工各有分工，制造、销售各有部门。会计、设计师、广告专家、艺术家，各个领域的专家同心协力，使公司立于不败之地。

现在，想象公司有了一位职业经理人，你不必和公司员工直接接触，一切交给经理打理，他会了解并安排具体的事务。当你有了想法，可以直接和经理沟通，你可以将自己的想法贯彻到公司运营中，迅速、高效、准确，一切如你所愿。

也许你在心中嘀咕："我也希望有这样一位经理可以将生活打理得井井有条。"

其实，**每个人都有一位经理人帮忙打理生活，这位为你尽心尽责的经理便是我们反复提及的吸引力法则。你的一切要求都可以交给这位宇宙经理。**

成功的关键在于提出要求并坚信此要求能够实现。这好比将事情交给一位你信任的人打理，同时你对他能完成任务充满信心，而他也绝不会拒绝。这一态度也是你向宇宙祈求时所必需的，你一定要满怀期望地向宇宙祈求。

在以下情感引导范围内，该方法最为有效：

10. 沮丧/烦躁
11. 压抑
12. 失望
13. 怀疑
14. 担忧
15. 抱怨
16. 泄气
17. 愤怒

邻居：过去的邻居相处得挺好，现在这个一点也合不来。他家的狗总在我家院子里撒尿，破车老停在路中央，我都不愿让朋友上门了。怨恨！愤怒！

现在我记起了为我尽心尽责的宇宙经理。带着七分信心、两分信任、一分期望，我向宇宙提出了要求（他一定会令我满意）：

我希望小狗能在别处安家；

我希望停在街上的二手车都能移走；

我希望和邻居有一个融洽的关系；

我希望可以在这儿舒心地生活；

感谢美好的生活。

房屋质量：这房子总让人觉得不安生。刚开始结构就不好，住了

10年后墙壁又渗水了。每次转一圈儿，我总能发现新问题。失望！泄气！沮丧！

现在我记起了为我尽心尽责的宇宙经理。带着七分信心、两分信任、一分期望，我向宇宙提出了要求（他一定会令我满意）：

希望找到一位价格公道、手艺高超的修理人；

我希望他可以告诉我哪些部分需要替换；

希望有关部门都能有个公道价格；

我希望了解老房子的优点；

我希望老房子的缺点都能修正；

就是这些。感谢您对生活的一切安排。

父母—儿女关系：我的女儿已经成年，但她总是对我很有怨言。不论我花多长时间陪她，她都还嫌不够。和她在一起时，大多数时间，她都在抱怨为何我只花这么点儿时间陪她。我工作很忙，空闲时间不多，抽空和她在一起时，总是在听她没完没了的抱怨。愧疚！生气！失望！

现在我记起了为我尽心尽责的宇宙经理。带着七分信心、两分信任、一分期望，我向宇宙提出了要求（他一定会令我满意）：

为我放大女儿的美好品德；

将我的美好品德放大；

不断向我们两个展现生活中的灿烂阳光；

为我们的相处创造一个美好的环境；

提醒我和女儿在一起的时光；

就是这些。感谢您对生活的一切安排。

财富：丈夫和我都工作好几年了，我们积攒了一笔钱，虽然不是很多，但足够维持一年的生活。我们希望拥有自己的公司，恰好一位朋友有足够的资金，就供我们做启动资金了。现在，两年过去了，我们依然在吃老本，而且老本也所剩无几，事业依然没有起色。忧心！泄气！

现在我记起了为我尽心尽责的宇宙经理。带着七分信心、两分信任、一分期望，我向宇宙提出了要求（他一定会令我满意）：

请为我们提供长久而稳定的客户源；

让我的生意来一次井喷；

给我一些行动的灵感；

让朋友感受到我们对他的无尽感激；

让我们得到能够开拓市场的精干人员；

就是这些。感谢您对生活的一切安排。

孤单生活：我朋友不多，甚至连一个密友都没有，孤单的生活方式很无趣。我过去有过很多朋友，可都不是真心朋友，他们只会不断索取，不会给予我回报。泄气！孤单！

现在我记起了为我尽心尽责的宇宙经理。带着七分信心、两分信任、一分期望，我向宇宙提出了要求（他一定会令我满意）：

让我在生活中遇到更多的志同道合者；

让与我志气相投的人发现我；

我希望有许多幽默、热情的朋友；

我希望与随和、亲切的人打交道；

我希望这一切马上可以实现；

就是这些。感谢您对生活的一切安排。

唠叨的父母：我离家已有十多年了，可母亲总是拿我当小孩看，唠叨个不停。因此我很少回家，这让她更加生气，情况变得更糟了。可我们在一起的时候，我实在不愿听她唠叨，好像我依然不能独立生活似的。怨！生气！

现在我记起了为我尽心尽责的宇宙经理。带着七分信心、两分信任、一分期望，我向宇宙提出了要求（他一定会令我满意）：

请让母亲明白我已经成年；

请让母亲明白我的能力与实力；

请让母亲的烦恼烟消云散；

请让母亲找到有意义的生活方式；

请让母亲明白我对她的孝心与爱；

让我们相聚时共享快乐；

就是这些。感谢您对生活的一切安排。

表演生涯：从小，我就一直希望成为一名演员。我也确实非常擅长表演。虽然我接下了不少演出任务，可都是跑龙套。想当演员的人太多了，我似乎一点希望都没有了。也许我该放弃不切实际的梦想，做一份现实点的工作。失望！泄气！

现在我记起了为我尽心尽责的宇宙经理。带着七分信心、两分信任、一分期望，我向宇宙提出了要求（他一定会令我满意）：

请为我提供演出的机会；

请让我出演一展所长的角色；

请将我的简历置于待选简历的最前面；

请多多赐予我提高演技的机会；

就是这些。感谢您对生活的一切安排。

财富失衡：我总是出现财政赤字。总有意想不到的花销，信用卡常常透支，我经常入不敷出，消费总是超过预算。妻子也有不少的收入，可孩子们长得很快，花销越来越大。愁！

现在我记起了为我尽心尽责的宇宙经理。带着七分信心、两分信任、一分期望，我向宇宙提出了要求（他一定会令我满意）：

让我的钱包鼓起来；

让妻子的钱包鼓起来；

让我们找到低利息的信用卡；

提醒我现在的生活多美好；

指引我们作出最佳的投资决策；

让我们对生活心满意足；

就是这些了。感谢您对生活的一切安排。

财富化为乌有：丈夫和我工作了一辈子，对于投资我们一直都很谨慎，因为我们知道自己不久就要退休了。我们本可以安享晚年，可是，儿子作为一位股票代理人，极力鼓动我们投资股市，许诺会有丰厚的回报，因此，我们就让他来打理一切。现在，我们一生积累的财富，我们美好的退休生活，都化为乌有了。伤心！害怕！愤怒！

现在我记起了为我尽心尽责的宇宙经理。带着七分信心、两分信任、一分期望，我向宇宙提出了要求（他一定会令我满意）：

让我们重新变得富足；

帮我找到一条能够充分利用现有资源的致富之路；

帮我们指出任何可能忽视的优势；

让儿子知道我们没有怨恨；

唤起而今迈步从头越的激情；

就是这些了。感谢您对生活的一切安排。

井底之蛙：我觉得自己就是井底之蛙。我只了解世界的一个小小角落，有那么多的地方想去旅游，可我总是抽不出时间，或者只能走马观花。我觉得错过的太多了。烦！失望！

现在我记起了为我尽心尽责的宇宙经理。带着七分信心、两分信任、一分期望，我向宇宙提出了要求（他一定会令我满意）：

选择一处幽静之地，享受发现的乐趣；

设计一条与我的兴趣相符的旅游路线；

帮我找到相关景点的优惠票价信息；

一旦有了眉目，请马上告诉我；

为这次和将来的旅行提供财政支持；

就是这些。感谢您对生活的一切安排。

环境：我真为地球的环境担心。空气没以前清新了，水也不能饮用了，鱼群也都要死亡了，冰山正在不断地融化。愤怒！害怕！

现在我记起了为我尽心尽责的宇宙经理。带着七分信心、两分信任、一分期望，我向宇宙提出了要求（他一定会令我满意）：

保证地球的正常运转（地球在固定的轨道上，一切在万有引力掌握之中）；

让水变得更清，天变得更蓝；

让地球的气候保持正常；

让我时刻能看到地球的富足；

就是这些。感谢您对生活的一切安排。

当你刚开始玩这个游戏时，也许你会发现，自己不断地产生怀疑，你不信经理人会帮你打理一切。如果怀疑占据了你的主要情绪，自然一切都不会发生改变。

如果你不断继续，全身心地投入游戏，对宇宙经理人的信任将会逐渐增加，怀疑会渐渐消退，期望会日渐高涨，不久你将会证实思想的伟大力量。当你意识到专注的惊人力量，那真是可喜可贺。

我们无法描述就在你身边的种种资源（它们都非常有益于你的人生），你只有通过自己的探索才能接近这些资源。职业经理人游戏则是一个极好的方式，它足以改变你对生活的认识。一旦你对世界的看法变了，生活亦随之改变。

第四十章

应用健康点金术

选择一处舒适的地方躺下，越放松越好。这一方法大约需要 15 分钟，务必保证没有他人的打扰。

在以下情感范围内，健康点金术最为有效：

10. 沮丧 / 烦躁
11. 压抑
12. 失望
13. 怀疑
14. 担忧
15. 抱怨
16. 泄气
17. 愤怒
18. 仇恨
19. 憎恶 / 怒
20. 嫉妒

21. 害怕/愧疚/无益

22. 痛苦/抑郁/绝望/无力

将下列的语句写在小纸片上，方便自己阅读。请静静躺下来，慢慢地用心阅读。

我的身体棒得很；

虽然我不知道如何能更强壮，但我的身体自己知道；

我身体内的亿万细胞都有自主意识，它们会自己保持平衡；

我起初对自己的病情实在不甚了解；

如果我早知道一点，病情也许早被遏制了；

我不必完全理解疾病的起因；

我不必对现在的病情作出解释；

我只要不断地调整、放松；

起因并不重要，重要的是一切正在改变；

身体要重新与健康振动契合，自然需要一定时间，

完全没必要慌慌张张；

身体知道如何自我调节；

健康乃是最自然的状态；

内在自我十分清楚我的生理状态；

细胞不断提出要求，本源亦有所回应；

我的状态还不错；

一放松，身体与本源的通道就会自然打开；

我惟一的工作就是全身心地放松，

我可以做到，

选择你真正专注的事物，
这样你才能选择自己的感受。

我可以轻松地做到。

静静地躺着，享受久违的宁谧。全身心地关注自己的呼吸——呼、吸、呼、吸……慢慢地进行深呼吸，无须强迫，无须刻意，无须做任何其他事。放松，呼吸！

也许你渐渐地发现了一颗柔软、温暖的心。微笑、会意均是本源对细胞要求的回应。你可以感受到愈合在每一个细胞内进行着。一切随意，切莫刻意。放松、呼吸、接纳！

如果你的身体在静躺之时依然不舒服，也可以依下面的程序进行，加上这些语句，会大有益处：

疼痛表明本源正在对细胞的能量请求予以回应；

疼痛表明治疗正在进行中；

我将放松自己，因为我明白一切正在改善。

如果可以，进入梦乡吧！带着微笑，心满意足。呼吸、放松、信任。

衰老：最近手脚没以前灵便了，脑袋也不灵光了，什么都记不住了。我全身都有伤痛，再也不敢小跑了。我真害怕80岁以后，连路都走不了了。

身体固然是血肉之躯，但同时也是一种振动；

身体呈现的状态是心情振动的结果；

身体的此刻与彼刻相连；

身体不断地处于变化中；

我的振动影响身体的变化；

衰老与振动息息相关，而非与时间的流逝息息相关；

时间流逝与振动改善可以并行不悖；

衰老并非自然也非不可逃避；

我不必等待别人成功地展现对衰老的抗拒，

我可以自己实现这一可能；

振动的转变不会马上带来情绪转变；

振动的转变不会马上有生理性变化；

一旦振动转变持续一段时间，我将会看到真正的转变；

我一定要转变振动，耐心地等待相关结果的出现；

更愉快的心情将会带来更好的结果；

保持积极地展望将可以更好地享受生活；

我的身体在放松中受益；

我可以感受到身体的稳定；

我可以感受到能量契合对生命之益；

我的能量正在趋于平衡；

我的身体正享受着能量平衡；

一切都好，一切都将越来越好！

如果你花一段时间改变对身体的感受，身体亦会有所改变。在希望之下，奇迹自然可以发生。事实随振动而变！每个创造的 99% 在其成为事实前就已经完成。

关注情感轨迹及其变化，现实轨迹亦会随之而动。

这是铁律，绝无例外！

第四十一章

应用情绪攀登法

我们可以这样应用情绪攀登法这一强有力的方法。当你意识到自己被低落的情绪笼罩，试着去确定该情绪的本质。你要不断寻找烦忧之源，直到你确定可以改变这些负面情绪为止。

无论你的情绪是好是坏，“情绪攀登法”都会有效果。而当你心情低落时，这一方法则会特别有效。

从情感引导范围的两端开始，你可以自问自答：我充满力量吗？我痛苦吗？也许你无法精确地感知情绪，但你肯定可以判断出心理状态的当前偏向。如果你认为自己在痛苦中，你可以进一步缩小范围。例如，你可以问自己，是更倾向于沮丧还是痛苦呢？通过不断地选择（在这样的过程中没有对错之分），你最终可以发现自己真实的情绪状态。

一旦发现自己在情感引导图中的坐标，你的目标就是通过放松而不断提升情绪。大声朗读或写下自己的想法都可以更好地帮助你了解自己的感受。当你有意识地作出了某类陈述，情绪也会随之放松；随着阻滞的减小，你的心情也会上一个台阶。更加愉快的心情意味着阻滞的减小，阻滞的减缓则意味着将有更多的接纳。

从现在开始，利用情感引导图，确定自己当前的心理状态，然后作出一些陈述，以减少心理阻滞。

完整的情感引导图：

1. 愉快/知识/力量/自由/爱/欣赏
2. 激情
3. 热情/渴望/快乐
4. 期望/信念
5. 乐观
6. 希望
7. 满足
8. 无聊
9. 悲观
10. 沮丧/烦躁
11. 压抑
12. 失望
13. 怀疑
14. 担忧
15. 抱怨
16. 泄气
17. 愤怒
18. 仇恨
19. 憎恶/怒

20．嫉妒

21．害怕 / 愧疚 / 无益

22．痛苦 / 抑郁 / 绝望 / 无力

记住，你无法让情绪极大地偏离当前的振动。但即便你整天处于同一情绪下，在新的一天，你也应该换一个心情（即使只有些细微的变化）。

如果负面情绪并不严重，持续时间也不长，你可以很容易向上提升情绪；如果有的事情非常严重或者困扰你非常久，你也许需要花费22天才能令自己的情绪完全调节过来（每天向上攀登一点）。从失望转变为希望，22天并不算长。有的人一辈子都处于失望无力的状态中，永远也走不出阴影，和这相比，22天根本算不了什么。

现在你已经了解自己追求的目标就是更愉悦的情绪，我们希望这个方法可以助你摆脱多年的负面情绪。当你逐渐减少了自身的阻滞，你的生活也会渐渐地改善。

唠叨的父母：我离家已有十多年了，可母亲总是拿我当小孩看，唠叨个不停。因此我很少回家，这让她更加生气，情况变得更糟了。可我们在一起的时候，我实在不愿听她唠叨，好像我依然不能独立生活似的。怨！生气！

无论我做什么，母亲总是不高兴。（失望）

我不想见她，可是不见时又总有愧疚。（愧疚）

什么也不能令她满意，她总是能找到缺点。（无益）

我讨厌和她在一起。（厌恶）

和她相处后，总要过一段时间心情才会变好。（厌恶）

我再也不愿见她了。（报复）

我真想知道如果我消失了她会作何反应。（报复）

也许那时她才会想起我，念起我的好处。（报复）

她也许巴不得我走呢。（愤怒）

她也许会生活得更好。（愤怒）

我从来没计划过要到别处去。（泄气）

我希望找到一个可以逃离她的办法。（泄气）

我不应该想到逃避。（责备）

母亲应该鼓励我，而非让我见了就想跑。（责备）

我希望她可以有所改变。（失望）

我朋友的母亲与我母亲很不一样。（失望）

我们之间的关系糟透了。（压抑）

我不知道从何处着手解决。（压抑）

近十年的解决方法毫无效果。（压抑）

她一点努力都未曾付出。（沮丧）

她觉得一切都是我的问题。（沮丧）

她总是自以为是。（沮丧）

她总是顽固不化，我不觉得她会改变。（悲观）

她完全不重视我的观点。（悲观）

她从未换位思考过。（悲观）

我只能接受这样的她。（满足）

我无法令她改变。（满足）

我不是惟一认为她难以相处的人。（满足）

当我们都再老一些，也许会好一点。（希望）
也许我不用太在意她的想法。（希望）
也许最终她会理解我。（希望）
也许最终我会理解她。（希望）
也许最后大家都和好了。（希望）
我爱我的母亲。（希望）
我希望母亲也爱我。（希望）
我知道她爱我。（希望）
我知道她一直想帮我。（希望）
她的出发点是好的。（希望）
就这样吧。（乐观）
感觉很不错。（期望）
我再也不用烦了。（期望）
生活多美好。（热情）
我的各个方面都很好。（热情）
这是真正的我，快乐的我。（快乐）
我知道人生本是快乐的。（富有精力）
我希望我的存在给人们带来快乐。（富有精力）
我有保持快乐的能力。（富有精力）
这不仅仅是我母亲的问题。（富有精力）
我无法改变母亲的观念。（富有精力）
我可以改变自己的观念。（富有精力）
我的母亲将我带到了这个精彩的世界。（感激）
我希望给予她回报。（感激）

我热爱生活，很高兴活在世上。（感激）

我知道自己的价值，一切都很好。（知晓）

我的内心非常愉悦。（愉悦）

我知道自己的使命。（愉悦、激情）

财富化为乌有：丈夫和我工作了一辈子，对于投资我们一直都很谨慎，因为我们知道自己不久就要退休了。我们本可以安享晚年，可是，儿子作为一位股票代理人，极力鼓动我们投资股市，许诺会有丰厚的回报，因此，我们就让他来打理一切。现在，我们一生积累的财富，我们美好的退休生活，都化为乌有了。伤心！害怕！愤怒！

我们的积蓄都化为乌有，我们再也无法安逸地生活了。（害怕）

一辈子的财富一天就消失了。（痛苦）

我们没时间再为退休攒钱了。（不安全）

当我们一无所有时，有的人却一夜暴富。（憎恨）

我希望一夜暴富的人全都输光。（报复）

受到波及的人太多了。（愤怒）

市场应该对此有一定的保护机制。（失望）

我们真不应该相信给儿子建议的人。（责备）

我们应该更谨慎些。（责备）

他们只对回扣感兴趣。（责备）

他们从不对散户负责。（责备）

我希望儿子能看清他们的面目。（担忧）

那儿根本没有什么保护可言。（怀疑）

我们本希望有安逸的退休生活。（失望）
为了退休生活，我们要做的事太多了，可时间又不多了。（压抑）
没有人对此给出周全的建议。（沮丧）
我猜大部分人只能独自承受了。（乐观）
我们现在的情形比大多数人还好些。（满足）
我们的房子挺不错。（满足）
我们都喜欢有活力一点。（满足）
未来的变数有很多。（希望）
我们的财富还会增长。（乐观）
我相信好运一定会出现。（乐观）
也许未来有更多好事等着我们。（乐观）
我们要为未来做准备。（期望）
我们还没退休呢。（期望）
虽然财富没了，可经验还在。（信念）
这件事后，我们变得更清醒了。（期望）
未来令人充满期待。（激情）
我们的潜力还未完全挖掘出来。（渴望）
我们至少变得更坚定了。（渴望）
我觉得自己的新想法在不断产生。（力量）
我对未来满怀希望。（激情）
我知道一切都会好起来。（知晓）
冥冥中自有天意。（知晓）
我们的一生都有其护佑。（感激）

环境：我真为地球的环境担心。空气没以前清新了，水也不能饮用了，鱼群也都要死亡了，冰山正在不断地融化。愤怒！害怕！

我想要保护环境，可我的行动微不足道。（无助）

如果是我们的生活方式导致了环境破坏呢？（害怕）

我们正走向一个危险的方向。（担忧）

我看不出任何变好的苗头。（怀疑）

有太多东西需要变革了。（压抑）

每个人都知道需要变革，可却没一个人真正着手。（沮丧）

大家都是各管各的。（失望）

我对大讨论很反感。（烦）

我首先应该管好自己。（满足）

也许事情没有想象的那么糟。（希望）

地球的调节力很强，它总是能保持稳定。（乐观）

我们的行为会被情势所束缚。（期望）

我希望自己可以发现这颗星球的美丽所在。（期望）

我希望列出一系列想去的地方。（期望）

我们可以随意地旅行和探索，这太美好了。（感激）

我可以买张机票，飞到任意想去的地方。（自由）

我们生活在一个美好的时代。（愉悦）

从更广的角度看，生活总是越来越好。（期望）

很多人基于对此的观察认识，会形成他们个人的欲求，而这些，最终会集合发出一个诉求。（渴望）

本源将会对此作出回应。（力量）

没有任何力量可以控制我的生活。（力量）

我是生活的创造者。（力量）

我们可以选择自己的情绪。（力量）

通过选择，我可以产生独特的振动。（力量）

每个人均可以如此。（力量）

第四十二章

方法的价值

通过上述相关方法的介绍，我们希望为你提供一个清晰的认识：作为自主的创造者，你的任务就是不断保持能量的契合。

无论是书中的例子还是生活的真实境遇，消极情绪的涵义始终不变：你的内心有着愿望的振动，但你阻止了它的实践，因为你有相反的振动同时被激活。内心的愿望与你当前的振动冲突，必然会导致愿望始终无法实现。上述的方法都是用于调和振动冲突的。

当你阅读前面的文字时，很可能与我们较起真来。因为你很可能觉得书中提供的方法都无济于事。

你发现冰山依然在加速融化，你的邻居依然将旧车停在路上。

但是不要忘记你的职责所在：在信念与愿望之间取得振动平衡。与其关注邻居的车，不如让自己的能量保持契合。你不能将自己的快乐系于旁人的喜怒，抑或冰山的融化与否。如果你希望掌控自己的命运，实现自己的理想，那么，你一定要处理好愿望与信念之间的振动关系。

千万不要低估能量契合的力量，当代社会的成功人士、历史上的天才都是凭借这种力量而成功。“相信梦想”和“同梦想振动契合”有着实质上的差别，振动才是真正的吸引点。

如果你能运用上述的方法来取得自身的振动契合，它就会带给你强大的力量。你将成为生活的自主创造者，一位强大而快乐的创造者。

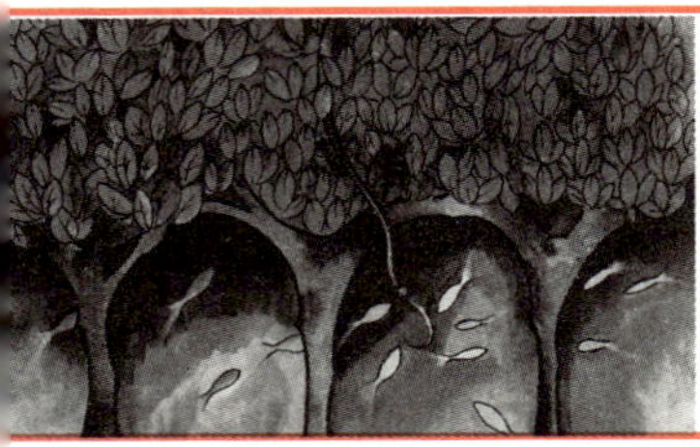

第四十三章

在你发现征兆前，创造的99%已经完成

现在你已经明白了，你才是生活的吸引者和创造者，而且只有你自己是。既然你明白了自身会不断发出振动信号（你的吸引点的来源），你一定也清楚了生活的创造过程。

我们希望你记住自己的情感引导系统，该系统可以反映注意力与信念之间的振动差距。你可以知道自己是否正在向愿望前进，也可以知道自己是否正在走出困境。

我们为你的每一次进步而欣喜。你可以选择任何一条路线，每一条都能抵达目的地，你永远不用担心迷路，情绪是你最好的向导。无论你走到哪儿，你只要相信自己，一定可以实现梦想。

每一天，每一刻，你的脑袋中都会涌出各式各样的念头，不管你是否意识到。情势的变化激发了你的振动信号，而这些振动决定了你的未来。

每一种状态，每一个事件，每一次相遇都是源于你的沉思、回忆、观察、展望乃至想象，生活的未来源于现在的思考。

明白自己对情绪的自觉意识十分重要。当你在回忆、观察、展望时，情绪的波动将会告诉你这一切是否有利于你的未来。因为在你意识到之前，创造的 99% 已经完成，所以，你一定要明白情绪对于你辨明人生方向的重要性。

通过最大限度地掌控你的情感控制系统，你就可以将你的情绪向积极的方向引导。但是如果你没有主动去引导，一直等到事情发生了才去引导，对你来说，这会变得相当困难。

当你明白了此刻的创造足以影响你个人的未来，你也有意识地选择了积极情绪，你的未来将不再是梦，梦想成真之日将离你越来越近。

通过本书，你对自我创造的领悟将比过去深刻得多。癌症、车祸、负债或离婚之类，这些并非是你自动的选择。这类困境多半是你在无意中发出的振动信号所引起，因此当它们发生时，你会大吃一惊。对你来说，这是飞来横祸，一点预兆也没有。但是，它们并非无缘无故地进入你的生活，也非瞬间之事，这是你长时间的振动信号积累的结果。

在阅读本书后，一切意外之事（无论好坏）都不会令你觉得惊讶。现在与将来的振动关系已经被你掌握，你的情绪的变动可以帮助你判断，此刻你是靠近了还是远离了你的愿望。

情感引导系统范围的积极端含有激情、快乐、欣赏和爱的感觉，这类感觉源于你对力量和自由的感知；消极端则会有压抑、恐惧等感觉，这类感觉源于你的无力感与束缚感。现在你的心情中将会剔除束缚感，因为你对积极端有了足够的认识。

惟一可以阻止你拥有快乐幸福的人就是你自己，你的振动信号决定了一切。

在明白了情绪的定向作用之后，遵循积极情绪的引导，你将不断发出新的振动，美好的未来会在新振动中诞生。

当你沮丧、不耐烦或愤怒的时候，你可以稍稍停下来沉思片刻：刚刚我的振动怎么了？我应该重新调整我的想法并改变我的人生轨迹吗？我应该继续这样的人生吗？

虽然任何时刻生活都可能有转机出现，甚至是在达到契合之后。但我们希望你最好趁早下手，在振动刚刚酝酿时便加以干预，因为这时较为容易。更重要的是，我们希望你能不断地回想那些让你感觉愉快的时刻。我们希望你时时刻刻都可以感受到快乐，不要在幸福溜走后才懂得珍惜。

一切振动都会成真，无论好坏，无论你愿意与否。但是生活中最重要的是当下，情绪和感觉莫不如此。抓住你当下的幸福，未来的幸福也不会溜走。

从我们广阔的视角来看，你的生活处在不断变动中。如果你能像我们一样观察生活，你会发现不一样的风景。此时此刻，所有的事物（无论你喜欢与否）均已经来到你的身边，今天或明天的下一个念头也许有些就会成为事实。通过你的情感引导系统，你可以作出正确的选择。

你来到这个世界是因为你喜欢创造，在所有挑战中，通过专注力来塑造未来是最有挑战性的。

你来到这里并非为了整顿世界，因为世界向来都是完美的；

你来到这里并非为了帮助他人认识其错误并令其改正；

你来到这里并非为了通过诸多行动求得他人的肯定。

你来到这里是为了给自己创造一个美好未来。领悟了愿望与现实的振动关系之后，你可以更加自如地平衡自身的能量。

你来到这里是为了孕育新的希望，享受新的平衡。

你渴望自己的创造，真正的重点其实是有预兆前的那99%的创造。**无论创造为何，都不过是一个平台，是无数“下一个创造”产生的平台。从精神的角度看，重点就在于那99%的创造。**

无论我的过去、现在、未来，都没有什么比快乐更重要的了；

从今天开始，我将不断寻找我想要的未来；

我是自己生活的创造者；

现在，我将感受到真正的快乐；

通过思考与感受，我将令自己达到契合状态；

我将感受到存在的振动本质；

我的每一次思考都将通向契合；

契合是能量平衡的真义。

第四十四章

专注的惊人力量

我们通过本书为你答疑解惑。每个人都希望了解真正的自己如何与大环境相适应，每个人都希望明白生命的真谛，每个人都希望生活多姿多彩。

首先你须牢记，你是永恒的创造者。你来到这个世界的目的便是不断地丰富自我的经历。你的价值、用处、对生活的热爱，一切皆须牢记在心。

我们能够感受到你试图自我创造的意图的惊人力量，而且你已经请我们来帮助你了解你是谁，以及你所真正知道的是什么。

时时与本源保持契合，这是生活的重中之重。不光是认识到本源能量就够了，只有与之保持契合才能通往幸福之路。这才是能量平衡的真义，也是人生中最不可捉摸的部分。

当你与本源契合时，专注力所到之处，本源能量亦会随之而流入。契合的力量无法言说，但你可以感觉到，你的高兴、喜悦均是由此而来。

如果你通读了本书，对于书中介绍的游戏、方法、小技巧一定会十分感兴趣。不必将所有的方法都用上，最重要的是得心应手，因为它们都具有相同的功用，都有巨大的力量。每一种方法都会带给你轻松和愉快（这意味着阻滞的减少），都可以平衡你的能量，都能提升你的振动，都会缩短你与真我的距离，都会让你感受到排除阻滞的信念的力量，都将帮你缩短你所处的位置与想要到达的位置的距离。

不必有畏难之情，尽可以随意选择，依心情而定。选择其中之一，在你感觉良好的情况下，尽可能长时间地使用它，然后再换另一个……有一件事你须牢记在心：心情愈佳，与本源则愈契合，没有什么比心情愉快更为重要。

我们希望这本书可以令你茅塞顿开，一扫往日的种种羁绊。实际上，惟一的羁绊源自你的心魔（对自身的无力感）。无力感来自于你对本源的疏离，开启本源契合的金钥匙就在你的手中。一切都由你自己掌握，没有人可以决定你的命运。

所以，你最重要的工作就是每时每刻关注内心真正的愿望，同时要注意愿望与现实之间的振动距离的时刻变化，这是你永恒的使命。

每个人的内心都对自己的梦想与愿望保持专注，当你的注意力转移时，心里会涌出失落之情，这就是阻滞。每个人的内心都渴望成功，阻滞随失败而生。内在自我在不断地进步，你若不耐烦，阻滞必生；内在自我知晓其永恒本质，你若哀叹逝水流年，阻滞必生；内在自我知道人生无极限，当你气衰势弱，阻滞必生；内在自我明白，我命由我不由天，当你杞人忧天时，阻滞必生。

尽情地选择书中所提供的诸多技巧！要谨记：条条大道通罗马，契合之道存于心。尽情地尝试，不用畏首畏尾，不要去预测结果。无论何种主题（上下五千年，纵横九万里），你只须放开心胸，顺其自然，拥抱美好，一旦如此，你的生活自然会蒸蒸日上。

我们写作此书是为了回答许多人对生活的困惑。我们希望你明白下面的重要论点：

首先，你是一种振动存在，你生活的宇宙也是振动性的。

宇宙的一切振动均遵循强大的吸引力法则；

你每时每刻都向外发出振动；

吸引力法则令你的习惯与自身振动相匹配；

对他人的观察会影响你的振动频率；

对自己生活的观察也会影响你的振动频率；

大部分人发出的振动是对自身观察的回应；

你提供的振动就是你的吸引点；

你的想法与振动总是和你的生活状态一致；

无论嘴上怎么说（我注意到、我想、我记得、我看到、我梦到），你的振动均是从内心产生；

注意力在此处，振动也在此处；

生活经历只与所思所想有关；

你是自我现实的创造者；

当你关注某件事时，自身对此的振动亦被激活；

对某些想法越关注，它会越活跃，最终它将成为主导振动，成为你的吸引点；

振动主要源于你的信念和生活状态；

所谓信念便是不断重复的念头；

众多经历、大量观察，以及很多的专注意图，会带给你实实在在的收获；

在发现征兆前，创造的 99% 已经完成；

你的未来取决于当前的种种想法；

有些振动效果令你满意，有些则令你失望；

在一切成为事实前，你都可以很容易地改变你的振动趋势；

生命中总有许多期望，情感引导系统将会带你一步步实现；

你必须设法“消融”那些试图进入你未来生活的负面振动；

弱化负面振动的过程即激活正面振动的过程；

你无法同时激活积极面与消极面，要么是其中一个，要么是另一个；

通过情绪的变化，你可以选择出正确的人生旅途；

你是纯粹、积极的能量本源，困境的考验帮助你明白自己的偏好；

在任何时间、任何主题上寻求让你感觉最佳的思维，你便是在调向你本源的振动。

所以，在你度过这一天的时候，要记得，你正在创造自己的实相，有意识地觉察你的情绪，承认它们对你的重要性；

无论该情绪感觉起来是好是坏，是强是弱，微笑面对，为你觉察到了情绪及其对你的意义而高兴。

它是你本源与愿望相结合与否的指针；

无论你目前情绪如何，为你对它的觉察而高兴，要知道，你可以通过改变想法来改变它，从而在任何时间、任何地点、任何情境下提升你的振动。

视自己为能量；

视本源为能量；

在任何时候都要注意能量之间的振动差距；

能量的平衡并非一拿到手就永远是你的。能量每时每刻在流动，你永远可以选择对准或偏离、平衡或失衡、允许连接或不允许；

你是本源，以肉身在此存在，生活的一切都已经被安排好；

你是创造者，你的生活必将充满快乐；

生活总是不断地向前发展；

你永远不会“死”；

生命不息，振动不止。

我们希望为你的生命而欢呼。面对生活的每一次挑战，希望你不要忘记，一切可以从现在开始；如果你抱怨现在的生活，将来的生活会很难出现变化；如果你放轻松并试着改变自己的想法，振动也会开始转移，吸引力法则将会带你走向美好的所在。

放轻松！每天告诉自己：**没有什么比自己的快乐更重要，我越快乐，越会让更多的快乐充满我的生活。**

这是我们的爱！

附 Appendix 录

对话亚伯拉罕

以下是2006年1月8日在美国佛罗里达州坦帕市举办的接纳之术讨论会的记录稿（为表述清晰已作适量修改）。

亚伯拉罕：早上好。非常高兴你们的光临，我们在此相聚，是为了共同创造，对吧？你们知道自己想要什么吗？你们对自己愿望的发展感到满意吗？现在有一个问题：你们是否对那些尚未实现的愿望感到激动不已？你们肯定会说："噢，是的，尤其是那些……"

我们非常企盼有更多的时间……我们能够在你的振动中感受到它，我们可以看到它在你未来的经历中展开。当你说话时，我们仿佛听到你说："我是一个永恒的生命。"这意味着我永远没有完结，意味着对比会继续为我提供新的偏好，意味着能量本源会继续响应这些偏好，意味着总有一种我所定义为愿望的东西没有实现——而它必须实现。如果我是一个永恒的生命，那就总会有没被满足的愿望。

我们希望你能接受这一说法，因为当你接受这一说法，你总会希望得到一些东西，尽管你还不知道它会怎样到来、何时到来、从何而来、与谁结伴而来。当你习惯了这种无休止的展开，你会开始朝着你希望的方向生活下去：愉快地延伸，永无终点。

有时我们听到你提到“完美”这个词，就仿佛你所列的愿望清单上的所有条目都打上了对号，这样生活就完美了。“当我看到所有的条件都令我满意，生活就完美了”。但我们说，这时候你已经去世了，并不是真的死亡了，而是终结了——我们指的是与永恒生命相反的状态。

所以，当你明白你是永恒的，并且明白当你的经历激发你产生新的愿望时，如果你能放松下来，理解这是事物的必然，接受事情没有完结的现实，并期待它的进一步展开，你便稳稳占据了这个优势地位，如同站在了巨浪顶端。

当我们谈论能量平衡、与真我的契合、与真我产生共鸣、你的愿望和你的信念相匹配时，我们真正在谈论的是使用你的情绪来帮助你调整振动，使之产生契合。这样，你的循环就会充分地展开。

当你的循环（和本源的循环）被充分地展开，你一定会丰富起来。你是清醒的、稳健的，你感觉良好，你生命中的每件事情都很美好，你成了来到世上之前的那个你；只有你能超越那个你，因为你是那个已经来到世上的你。此时，你成了一个拥有优势体验的优势生命，你调节、连接、打开了自己的能量本源。

我们希望协助你更精确、更轻松地识别何时你正与你的愿望产生着契合。我们会向你展示怎样利用少量的精力感知你的振动，而如何运用它则取决于你。

接纳之术，接纳我与本源的联系，这是这个称呼的真正意义。这不等于容忍一切不好的事物，而是意味着找到与自我的契合，从而不管周围发生着什么，你都生活在快乐中；它意味着通过挖掘积极面、不断感恩以及强烈渴望、感受美好，与真我达成契合。于是，尽管对比依然会在我的生命中存在，尽管我依然会对未来提出很多问题，但是，就在我提出问题（这不正是“有求”吗？）之时，答案便会马上接踵而来。

你常常对未来提出问题，而答案会随着问题同时显现，你甚至都感觉不到问题的出现，这就是最佳的创造。此时，对比持续创造新的、更好的体验，在你还没有机会注意到自己缺乏这一新的、更好的体验，还没有注意到它之前，它已经发生了。

在你弄清自己想要知道、需要知道或是想要经历的是什么之前，环境已经做好了安排。所以，就在你有要求以后，马上，甚至就在那一刻，你就会经历自己想要的。

接纳之术是终身的艺术，永不会终结。你来到世上，为的是享受这一乐趣。你是热爱创造的创造者！不会有任何时间，任何地点，比你所处的这个时空现实更为美好。对比是这样盛行，变化是如此惊人，你的专注能力在这里达到了高峰。你知道你是谁，你享有这种契合，于是你成了你所创造的幸福生活的绝对享有者。

我们非常希望与你讨论一切对你而言重要的事情，这里没有任何限制，你会看到所有美好的展开。我们知道你的一切，不必担心，我们不会泄露任何你不想为人所知的内容，我们尊重你的隐私。

从某种意义上说，解释清楚你的经历的本质十分重要，这样其他听众就能注意到你所处的振动状态。我们希望能够在你认为重要的事情上，帮助你平衡你的力量；我们希望你能与自己渴望的事物产生契合；我们希望你能理解你所经历的每件事——美好的，或是你称其为“不怎么样”的——都会激活你未来经历中的愿望，它们为你而发生，一切皆因你!

他们都被编码于你的振动中——他们是你的，因你的振动契约而发生。当你与那些你想要的东西发生契合时，宇宙已经将你所有的愿望的各个方面集合起来，以使之完美展开。有些事情你从来没有想到会发生在你的未来，因为这些事情是你已许下的全部愿望的集合。

有些人创造了一个很好的说法：小心地许下你的愿望，因为你也许会实现它。我们说，无论你想些什么，都在你未来的振动之中，这只是你与这种未来契合程度的问题。

你觉得事情越来越好，接下来，一些不会在短时内发生的事情发生了，你在电视上看到了它，然后你专注于它，并激活了一种在相当长的时间内你从未激活的思想。现在，不要慌张，只要理解是一些曾经发生的事情激活了一种思想。如果你能触到一种思想使你感觉更好，你可以将自己转移到另一位置。

按照一次一个主题来处理，你只需触到一个让你感觉更好的想法……假如有一百种不同的主题，这些主题你经常不太积极地激活它们，但你可以一个一个地使自己对它们感觉更好。于是现在，它们中的 50 个主题你都感觉良好了，而另 50 个你感觉还没那么好。但是，一次一个，49、48、47，这些主题一个个地达到更好。情感之旅相对于行动之旅比较容易，因为行动之旅在很多情况下无法达到。现在，你已经使自己与感觉良好保持契合了。

接下来会出现一个问题：“让自己感觉非常好，没有任何事情能使我感觉糟糕，我能到达这样一种境界吗？”你当然有能力使任何事情都感觉良好起来。实际上，一旦你扫清了 100 个大的障碍，你还会想扫清 100 个不那么大的障碍；当你把这些也扫清了，又会有 100 个更小的障碍。而之后，当你充满希望并且乐观，你会愿意把它们转化为感恩、愉悦和欣喜。

你的旅程没有终点，你寻找的是对你的吸引点的控制力和创造力。我们希望你努力训练，以使自己对一切都感觉良好。我们的确希望人们对待你更友善，并且不要伤害你的感情以使你感觉良好，但是我们更希望你的感情本身是伤害不了的。我们希望你明白：你可以通过愿望和专注改变你感受事物的方式，这样你就不会再惧怕你周围的世界所发生的一切了。

你爱上了生活，你也不再担心人们会做出令你不开心的事。你富有创造性地控制着你的振动，于是，你也就创造性地控制了发生在你身上的一切。

爱猫者无法接受动物被冷藏

客人：你好，亚伯拉罕。谢谢您和您的耐心解答。

亚伯拉罕：当你知道一切都很好时，耐心是很容易的。

客人：人类和动物的灵魂生生世世都一同度过吗?

亚伯拉罕：是的。

客人：我怎样与包括我的猫在内的精神世界沟通呢?

亚伯拉罕：你希望与它们在精神世界里相遇吗?你说“生生世世”，应该指的是物质世界的生生世世。那么，你是希望与你的猫在精神世界里相遇，还是物质世界的下辈子相遇?

客人：两种我都希望。

亚伯拉罕：你没有将其从物质世界的角度加以表述，这点很好。

因为这是件大工程，你们中的大多数人并不相信自己会做到这点。为了达到目的，你所需要做的只有两件事，那就是先确定愿望，然后接纳它的到来。当你到达你未来的物质体验时，尤其是一些细小的体验，你会遇到很多在其他经历中似曾相识的宠物，只是作为成年人，你一开始怀疑你是否真做到了这一点。

动物无法理解我们接下来要说的事：有时，你感觉十分亲近的动物朋友，事实上是你“能量流”的一部分。人类担心这一点是因为自己处于食物链或“因果报应循环”的顶端，所以不愿将之与动物们分享。这就仿佛说，“把我的宠物带来，我会好好爱护它，但我不希望和它在精神振动上保持相同的波长”。

我们希望你明白，能量就是能量，你来到世上，来到这场生命体验中，带着不同的意图，但具有相同的“精神能量流”。这种“能量流”的本质在动物和人类身上并无多大区别，它们都是纯粹的、积极的能量。

在人类和动物身上惟一值得提及的不同点是：一切动物更加符合它们的频率，更接近它们的真我。造成这样的部分原因是它们不会用语言来隐藏；还有部分原因是，它们的生命经历比较短暂，以致它们没有很多机会建立起这么多的阻滞。比如说，当你听说蝴蝶或鸟类会迁徙很长的路程，你会说：“谁知道？谁引领着它们？它们会到哪里？”我们说，是“更广阔的视野”，它们被接入了“更广阔的视野”。

你是否曾经看到过一群鸟在飞翔，并奇怪它们为何不会撞上对方。它们并没有在你看不到的时候偷偷练习。实际上，它们到达这一境界是因为它们的“更广阔的视野”知道这一形式的每个细节。它们完成自己的职责，是因为它们本能地、振动地、“契合地”知道应该怎样去适应。你们也正是在思考这一问题。

你是否曾经有过这样的行车经历：你只能感到自己在跟随着车流行进，你向前望去，感觉到即将有什么事情发生。你是会在前面的汽车亮起尾灯之前就减速，还是在有一个明确的、可见的原因之后才变换你的车道？如此种种。你在做着动物们也会做的事情，你在凭着“更广阔的视野”行事。

在可怕的诊断后安慰对方

客人：我该怎样帮助我的丈夫？他刚刚有了一个非常严重的诊断结果，他现在非常非常害怕。

亚伯拉罕：你现在感觉怎样？你感到害怕吗？

客人：我试图不要去想这件事，但我的心一直在隐隐作痛。

亚伯拉罕：当你确实想到这件事时，你感到害怕吗？

客人：是的。

亚伯拉罕：所以，你无法帮助他，因为你和他一样恐惧。如果你们谈论起这件事，你们只会在这个恐惧的空间里相互碰撞。你要做的第一件事就是练习让自己充满希望，直到你确定你的希望压倒了恐惧，这时你就大大超过他了。

客人：好的。

亚伯拉罕：告诉我们到底是什么使你感到如此恐惧。是“我的丈夫被诊断患上了严重的疾病，我很害怕”（客人：是的。）还是“我的丈夫被诊断患上了严重的疾病，我对此并不在意”。你是否认为，为一些使别人感到恐惧的事而感到高兴是错误的？这有个大问题：首先，你是否有权利在糟糕的情况下感觉良好？（客人：是的。）好的，这是个大进步，因为如果你认为你有这个权利，下一个问题就是（完全抛开你丈夫和他的疾病）：你会选择感觉良好还是感觉糟糕？（客人：感觉良好。）

亚伯拉罕：你是否觉得，可以在专注一些通常会使你感到悲伤的事情时，还能感觉良好？（客人：不能。）事实上是这样的，这也是你现在应该去做的事。你可以转换话题，转而专注其他能使你感觉良好的事情，虽然这不会改变你对这件可怕的事的看法。现在的任务是："我已经在专注那些使我感到害怕的事，我该试图说服自己不如此害怕。"这才是你要做的工作，这就是情感之旅："我必须不再感觉如此害怕。"

客人：您如何做到这点？

亚伯拉罕：通过强烈渴望得到它，继而进行反复尝试，我们现在就可以试试。你现在还有恐惧的感觉吗？（客人：是的。）现在看看我们能否说服你跳出恐惧，如果你感觉放松了，你就知道你做到了。

现在，你照着这样做，这很重要。你现在的任务是和我们一起穿越情感之旅。这意味着，你现在的任务是和我们一起改变你的振动——它能改变一切，能改变你的影响力；并且，一旦你改变了自己的影响力，你就可以帮助丈夫了。你现在的任务是穿越情感之旅，这意味着，你现在的任务是改变你的振动，去感觉良好、放松的心情，这就是你现在要做的工作。不是试图去找到治疗方法，不是试图查明导致这一切的原因。你的工作比这些简单很多：从恐惧走向放松。

带着这一任务，尽情漫游吧。努力将自己与那个诊断结果和你丈夫的感觉分离开来，与之保持足够的距离。这样，你就可以专注令你感觉良好的事了，就在此时，就在此地。

客人：好的。在我的内心深处，我不相信这个诊断结果。对我来说，他没有病，这似乎是现代医疗系统制造出的错误。你也知道，去看医生，医生总是说你有病。而对于我来说，我内心深处认为他看上去很健康，没有病。

亚伯拉罕：是的，你是对的。你所说的，在我们看来，是你更为稳定的一种感觉。换言之，恐惧因最近的这个诊断以及你丈夫对它的反应而放大了，而这只不过是你雷达上的一个小小信号点。但刚才你对我们所说的，看上去像是你更真实的起点，不是吗？我们能够感受到你所感受到的。

所以，当我们问“你恐惧吗”，你的回答是：“如果我以恐惧的方式专注于它，以医生的诊断专注于它，我可以使得自己变得恐惧。但是事实上，相比我的真实感觉而言，我在努力使自己感到恐惧。”是这样的吧？

客人：千真万确。

亚伯拉罕：现在你处在一个很好的状态来帮助你的丈夫。你知道怎样说服他了吧？当你这样说服他时，他是会和你一起感到稳定和安全，还是继续争辩这一疾病的坏处呢？

客人：他会继续争辩这一疾病的坏处。

亚伯拉罕：这样说来，对于他而言，医生比你更令人信服。

客人：一直是这样的。

亚伯拉罕：现在你开始担心他所做的会影响到他的振动，因为你知道，他所做的一切都会影响到他今后的经历。

客人：完全正确。

亚伯拉罕：所以，你所经历的情感之旅并不是要从对疾病的恐惧走向安心，因为你已经感到安心了。

换句话说，你现在要经历的情感之旅，是对你丈夫打理好自己的生命体验、回到自己的健康状态的能力感到放心。那么，你相信他能做到吗？你对此的情感基点是什么？

客人：不能。我是说，我并不真的相信他能恢复健康。

亚伯拉罕：你想要如此，你希望如此，但是……你的信念是基于不相信的。你并不相信他能恢复健康，但你必须在相信他能恢复健康之后才能感觉良好，不是吗？

客人：是的，是的。

亚伯拉罕：这正是我们希望你能经历的旅程。在现在这一小段时间内，试着将自己摆在聚焦能量之上，试着移开认为他不能改变自己的振动继而康复这一信念，转而相信或期待他能够改变自己的振动，朝这一方向努力。不要忘记你所做的事情：你只是希望带给自己宽慰。你并不是在试图解决他的问题，不是试图要使他恢复健康。你是在经历一场情感之旅，使得自己感觉良好。

你对他处理这一问题并不乐观，但你希望自己乐观，于是你希望做的是说服你自己，对他处理这一问题感到更乐观。他是在尝试每件事时都会遇到可悲的失败吗？

客人：当然不是。

亚伯拉罕：那么，他确实在一些事情上取得了一些成就。比如？

客人：是的。嗯，他在生意场上非常成功……

亚伯拉罕：你是说，他能够专注一些事情并使得这些事情实现？

客人：是的。

作为创造者，
你有权塑造自己的生活，
继而享受生活的美好。

亚伯拉罕：世界确实以积极的方式回应了他的要求？

客人：非常积极。

亚伯拉罕：那么，你并不会把他视为那些没能力下决心并得到自己想要的东西的人？

客人：完全不会。但在这一问题上，他有些谨慎，因为他身边有个专业人士一直在为他提供坏消息。

亚伯拉罕：那么，你是否见过他曾经遇到一些事情并不如他想象的那样，比如市场或其他一些东西？你是否见过，尽管有迹象预示结果可能相反，他还是运用自己的意志将情况扳回？你见过他做到这些吗？（客人：是的。）比如？

客人：比如一样新产品面世，当我看到它时，我会说："它不太好用。"但他会说："不，它很好用，不用怀疑。"

亚伯拉罕：那么，他确实理解内心的想法压倒事物本身，他懂得利用自己专注的意志力带来自己想要的事物。你见过他生命中这样成功的例子，对吗？

客人：是的，但不包括健康。

亚伯拉罕：现在，你已经迷失了方向。我们正在学习，当我们快要实现目标时，你又退回了原点，又抓住那些使你感觉更糟的事情。（客人：是的。）我要告诉你，这是任务。你并不想退回原位，死抱住那些使你感觉更糟的事情，你想要寻找并得到那些使你感觉更好的事物。你要实践那些能使你感觉更好的事物，直到你可以自信地说："我的丈夫是个精于专注的人。尽管这件事使他有些失去平衡——这会发生在每个人身上——但是我看到，他正在恢复他的平衡。"你是否看到他正在恢复平衡？你是否见过他失去平衡，继而马上恢复？

（客人：是的。）比如说？

客人：他打高尔夫球时，有时会朝窗外看，说道："看来会下雨，但无论如何我都会去打高尔夫。你知道，很有可能会是个大晴天，而且很快就会成为晴天的。"

亚伯拉罕：这是他的本性，不是吗？（客人：是的。）你是否已经为自己怀疑他的能力而感到可笑？针对这一问题一旦他感到一点宽慰，就毫无疑问能够抓住全部。他的能量回归了，他将会恢复平衡，像以前一样。同时，他还会有一个优势，就是有一个乐观的你在身边——一个不会为他的诊断结果焦虑，不断温柔地引导他看到积极面的人。现在，你感觉好些了吧？

客人：是的。

亚伯拉罕：我们试图引导你经历的第一次情感之旅，你并不需要，因为你已经在经历着。第二次情感之旅，你在短时间内就上路了，正如你自己所见。当你遇到一些怀疑正在蔓延，就用一些你感觉更好的事物来淹没这些怀疑，直到你变得自信。当你坚定地期待你丈夫能很好地掌控他的人生，你会为你的影响力所倾倒。到目前为止，他一直都能掌控得了他的人生，而且做的很好，所以现在也同样没有理由能使他停下。即使是一些非常恼人的事情，这些事情只代表医生想些什么，并不代表他应该想些什么。

客人：谢谢您！

学龄前天才儿童"不愿听从他的老师"

客人：我的问题是有关我五岁的儿子，他不听我的话。

亚伯拉罕：很好。

客人：他不听从任何女性。男性则稍微好一点。一位老师问我："能使您的儿子听我的话吗？"我告诉她，他甚至都不听我的话。而且……

亚伯拉罕：他到底听谁的呢?

客人：我猜他只听从他自己，因为他告诉我："你知道，我以我的方式生活，你只是以你的方式生活。"

亚伯拉罕：看来他一定是在听我们的话了。

客人：是的。然后他会说："你曾经说过，亚伯拉罕说过……"他说："我想要玩。"于是老师就对他说："约瑟夫，你不听从我，是因为你不明白我说的是什么，还是因为你不想照着去做?"他说："我不想做。"于是，老师就给我打电话。老师说，他在他的作业纸上弄了个大洞，他想这么做，他就这么做了。我说："约瑟夫，你不能那样做。你得按照我的方式振动。"这样反复了好多次……然后我母亲介入进来："你该打他！你应该这样做，你应该那样做……这不会要了我的命，也不会要了你的命。"你知道，就这类的话。

亚伯拉罕：是这样的。其实约瑟夫在尽可能地做他想做的事情。如果他能一直保持这样，那么15～20年后，他不仅将会在他生活中的各个方面获得惊人的成功，而且他将会是我们所见过的最快乐的人。我们会问："约瑟夫，你成功的秘诀是什么?"他会回答："我有一个驱动力，来自对我内心的倾听，它的声音比所有人加起来都要响亮。对了，我母亲曾经尝试压过这个声音，她甚至威胁过要把我赶出家门。但是，我没有让任何人说服我的导向系统。"

跟你开了个小小的玩笑。但正是一些像你一样的母亲们使得你们成为“还能走路的伤员”。你们中的大多数人并不相信自己的导向系统，因为你们已经向其他很多人的导向屈服了，而这些人并不具备引导你的能力。你想，当那位老师引导约瑟夫时，她只想从他身上得到她所想要的，而当你试图引导他时，你只会从他身上得到你想要的。那么，谁应该引导他，以使得他能得到他想要的呢？这正是他想要和每个人阐释清楚的一点。我们不想伤害任何人的感情——但是，我们是支持约瑟夫的。

客人：那他的年龄呢？我是说，他难道不是太小了点吗？我只是不希望他长大成为一个谁的话都听不进去的人，那时……

亚伯拉罕：如果这样，我们的目的就达到了，因为我们就是希望他成长为不听从任何人的人。我们不希望你们所有人都听从别人怎么想的，以致于因此而抵制自己的振动、拒绝接纳你们所想要的。

我们理解你所抱怨的，我们想告诉你：你的孩子清楚认识到自己是谁，他正在把你们试图教会他的东西还给你们，并且因为不服从你给你带来这样那样的烦恼。当你想到他和他正经历的行动之旅时，你有很多选择，你可以看着它发生并为此感到沮丧，或者可以看着它发生并任其发展。那么，告诉我们一些你看到的积极方面。他这样自我导向的情况中，有没有一些优点呢？

客人：是的，他很有主见，而且不是一个墨守成规的人。（当我是他这个年龄时，我也不是。）他会告诉你他此刻的感受，于是你会知道他从哪里来，他不是一个虚伪的人。（亚伯拉罕：是吗？）我认为，在某些情况下，这会帮助他。

亚伯拉罕：但是，除此之外，你能否感受到，我们刚才所说的内容当中，有一种巨大的价值使你下定决心不再动摇？（客人：是的。）

那么，你是否希望他成长为一个能够自己下定决心不再动摇的人（除非有一个更强大、更具影响力的人在他面前，使得他改变主意）？换句话说，你希望教他无法掌控自己，还是自己掌控自己？

客人：我当然希望他能自己掌控自己。

亚伯拉罕：那么，惟一会产生冲突的时刻，就是当他的自我掌控与你认为他应该怎样做出现了不一致？

客人：事实上是当老师给我打电话的时候。我只是不想由于我的儿子不能做到他们想要的，而被叫去老师的办公室里。

亚伯拉罕：能两全其美吗？这正是我们想为你打消的：你的孩子能够掌控着自己，明白自己是谁，同时又屈服于每个人的意志吗？（客人：不能。）再说，你怎么帮助他确定他应该听谁的，不应该听谁的？你能否寄希望于每个做老师的都能使他专心致志？因为如果真是这样，你倒要好好检查一下老师们了。你难道不希望查出他们到底要他干什么，他们的真正目的是什么？换句话说，你会想知道，他们的内心动机是什么，不是吗？这使你很难分辨，不是吗？

你还不如直接说："啊，约瑟夫，你是懂得你内心世界的，你追随你内心纯净而积极的能量，我相信你能分辨出来。我会把你放在各种各样的人际关系中间，我不会试图站在他们任何人的一边，我甚至不会插手，站在你的一边。我会给你每个人生来就有的机会，让你的经验帮助你确定你所想要的，然后跟随你自己的导向，得到你所想要的东西。"

你觉得你儿子会选择失败吗？你觉得他会选择懒惰吗？你不会这么想吧。也就是说，在这个孩子身上，你不会看到任何光辉以外的东西，而你却担心让他自己引导自己。我们认为，这是因为，长期以来成年人总是认为他们才是理解这个世界运转方式的明智之人，如果他们不引导孩子，孩子们就会误入歧途。我们想让你理解这样的想法有多么落后。

这些刚从精神世界驾临的孩子是天才的创造者，他们认为自己掌控着一切。由着他们的天性发展，他们也绝不会误入歧途。他们会保持自己的价值，会保持掌控一切的感觉，会保持健康和幸福。他们会奋发向上，除非有人告诉他们不要这么做。你从中看出些什么了吧？这就是他来到世上所要提醒你的。你难道没有看到，他们身上存在的努力奋斗和感觉良好的迹象吗？

杰瑞和埃斯特很荣幸地遇见过一所学校的创立者（马萨诸塞州的萨德伯里谷学校）。这所学校的理念是，除非学生有真诚的愿望，否则没有人能学到任何东西。老师们不是为了教学而教学，如果你希望学习一些东西，把这种愿望告诉他们，他们会尽自己所能帮助你学习。但是，没有人，没有任何老师和教员，会被允许去对小约瑟夫说“你想读这些吗”，或者“你想学这些吗”。所有这些都由孩子的愿望来决定。

杰瑞和埃斯特对此感到非常兴奋，因为这正是亚伯拉罕教导的基础：你若没有求，就不会有所应；只要你有所求，总会有所应。

约瑟夫正试图帮助你和他的老师们明白：他需要选择，而且不论他选择什么，他都能得到。他并不担心不服从命令会因此变得无知，你或他的老师也许会为此担心，但他绝不会担心。他现在仍然相信，只要他有要求，宇宙就会赐予他。他对你们那些大惊小怪实在是很不明白，他难道没有一遍遍对你重复这些吗？（客人：是啊。）“你为什么要这么大惊小怪？我很好，我做的是对的。”不是吗？

这就好像是一个生来头脑清醒和健康的人，不知为何降生在了一个人人跛行的世界里。其他人都嘲笑他走路的样子，因为他还不会跛行。然后他说："嗨，我知道你们都在跛行，而且你们似乎很喜欢跛行。但是，我不喜欢跛行，而且我认为没有必要跛行。"于是他们说："跛行是这里的规定，你必须学会跛行！"他说："可我还是不喜欢跛行。"于是，他们便用棍子打瘸了他的腿，这样他也跛行了。这时，他们就说："很好，很好，约瑟夫。"我们并没有夸大！这是个非常贴切的比喻。

约瑟夫对你们所有人说的就是"我不喜欢跛行"，你不用担心他，也不必担心老师们如何看待他。

现在，你有必要经历一次情感之旅，不是吗？因为想想看，他就是真实的他。你能否想起你经历了多少麻烦？你和他一样，而你的母亲也经历了很多困难，以使你与众不同，但这奏效了吗？这只能为你、为她带来沮丧，而不会改变你的固执，不是吗？所以，事实上你并不是真的希望这样对待约瑟夫。

当你看到他是这样一个独立的天才创造者时，你能有什么选择呢？你认为你能羞辱他而使他服从吗？不能，你也不愿这样做。你认为你能惩罚他而使他服从吗？这甚至都不能在你自己身上奏效。那么，你的选择是什么呢？你觉得，你是否可以借助行动之旅的方法，使他违背他的本性？你不能这样做吧？

现在你有几个选择。你有一个小淘气包，他正在激活他的振动，你可以找到对此感觉良好的理由，也可以找到感觉糟糕的理由。我们相信，你愿意经历的情感之旅不会是去改变他，因为我们认为，和我们一样，你更喜欢他的本性。你的问题在于学校不理解那些你所理解的、亚伯拉罕所理解的以及约瑟夫所理解的事情。那么，你是否认为，你的情感之旅在于要对学校的无知感觉宽慰?

客人：差不多。

亚伯拉罕：是对他们的无知感觉良好呢，还是当你有一个约瑟夫这样的儿子时，让他们也赞同你呢?（这可真是个大问题，不是吗?）

“那么，我有个不太服从别人的孩子。他是个聪慧的、崇高的生命。”你希望看到的他难道不是这样吗?你希望他感到恐惧吗?你希望他卑躬屈膝吗?你希望他服从别人让他去做的事情，还是希望他成为一个独立的人呢?

所以，鉴于约瑟夫的表现，这里所要进行的是一场你不希望改变，但是确实需要改变的行动之旅，即对于他们如何看待约瑟夫你该作何感想。你有两种选择，他们也许还会继续否定约瑟夫，但你却不能改变约瑟夫，使他符合他们的要求。于是你的选择可以是：他们否定他，而你却毫不在意；或者是他们否定他，而你非常担忧。你觉得哪一项会使你感觉更好呢?

客人：对之毫不在乎。

亚伯拉罕：那么，在结束情感之旅时，你可以说：“我要找到一个方法使自己并不在意，即使他们对于约瑟夫的所作所为不能不在意。”开个小差，看看你能否感觉宽慰些。

客人：当我走进办公室时，我不愿听到他们说些不好的话。

亚伯拉罕：你这样想会使情况变得更糟糕。

客人：我只是想把他从学校接回家，然后我可以马上离开，不去见那些老师。

亚伯拉罕：还是无济于事。

客人：我还会积极地留在学校，如同我一贯以来所做的一样。

亚伯拉罕："我享受我在学校的角色，我愿意去逐渐影响他们。我希望他们能够看到，他们所得到的是一个创造天才。我希望让他们明白，学校不是监狱，学校是一个创造力能够得到表达，并且能够以不同的方式表达的地方。我则希望自己能够帮助孩子培养他身上的这种创造力，而不是服从。我得到了这样一个具有伟大创造力的孩子，他燃起了我心中的热情。"这样你就会感觉好些。虽然你没有说出这些，但当你听到这些时，你就会感觉更好。

目标是什么？目标是，不论他们对约瑟夫的看法如何——因为这是不能改变的——你都感觉良好。你放弃了行动之旅了吗？你最好放弃它，因为你不能改变约瑟夫。他会成为他本来就应该成为的样子，而你该享受这一点。你认为哪种选择对你、对他更好呢？

你知道吗，那些世界上伟大的天才创造者——所有人，没有例外——都像约瑟夫一样，从出生的那一刻起，就从来没有纠正过自己。也就是说，他们从不屈服，他们接纳创造的源泉不断奔涌而出。你希望约瑟夫也是这样，不是吗？

但是，老师并不理解这点……你希望那位老师阻碍他的发展吗？（客人：不希望。）那么，你对老师的误解能坦然接受吗？还是想继续对老师的误解感觉很糟糕？

客人：我只是不希望因为她的看法而感到困扰。

亚伯拉罕：好的，这是一个进步。那么现在，你不能改变约瑟夫。你能改变老师吗？（客人：也不能。）你不能，是吧？任何试图改变约瑟夫的努力都是徒劳，都是无用功，不是吗？（客人：是的。）那你还担心什么呢？因为他人促使你担心。那位老师打电话给你，只因为她想行使她的权力，她想对你说："当你的孩子如此表现时，我感到很不高兴，所以，你应该使你的儿子做些改变。"你会想对老师说："不好意思，当您对我的孩子的表现做出这样的反应时，我也感到不高兴，所以，您也应该改变您的行为，来使得我感到高兴。"

约瑟夫是惟一的明智者。他说："嘿，我很高兴！你们不需要作出任何表现来使我高兴，你们根本不在我视野中，我才不在乎你们怎么想呢！"（他才是老师，不是吗？）所以你要经历的情感之旅，是你要接受这一点并感觉良好。你要爱戴这位老师，你要知道这位老师也是出于好意，你希望能与老师谈谈……现在，在你的心中默念："我想对您说，我对您如此关心我的孩子表示非常感激。您很好心，真心谢谢您。我感到遗憾的是，他也不听从我的话。但我发现，如果我依着他，他是如此优秀。我想，作为老师的您，也应该知道这一点。我还发现，当我不去束缚他、不剥夺他对自由的理解时，他会是世界上最好相处的小孩。而一旦我带给他不自由的印象，哪怕只有一小会儿，他都会如同脸上蒙上枕头一样，拼命挣扎。我记住了这种感觉，我想您也会记住的。

"于是我把他脸上的枕头挪开了，我开始顺应他所感知到的自由。如果我们不再妨碍他，让他作为一个天才，自由发展，我相信他会使我们俩都感到骄傲的。对了，还是要感谢您的付出，我对您教给他的一切表示感激。我相信他是想从您身上学到东西的。他曾告诉我，他喜欢您，他喜欢您做的很多事情。您是一位好老师，我知道您是的。我很遗憾我的孩子不能服从，但我认为，世上的天才从不服从。"

当这样的谈话足够多之后，当她意识到，她不能行使她的权力，使得你去促成约瑟夫做一些他不愿做的事，她就会停止约见你。而同时，约瑟夫还会继续努力，他会赢得她的心，会向她展示自己是谁。

客人：谢谢您。

充满希望地跳出糖尿病医学治疗

客人：我非常紧张。我有糖尿病。我一直觉得我会为此自杀，而且，我觉得这是我能做的比较积极的事。我该如何阻止自己这么做？

亚伯拉罕：你是想通过糖尿病慢性自杀，还是想采取些更极端的方法？

客人：我想继续前进，对自己说，好，我能做到。但我最大的恐惧是……

亚伯拉罕："继续前进？"继续向着健康的身体状况前进？

客人：是的。但我最大的恐惧是停止医学治疗，然后死去。

亚伯拉罕：你真的应该听听这些，因为行动之旅认为这些医学治疗会使你感到稳定。所以，我们鼓励你继续你的行动之旅，暂时不要改变。但是，你要把进行医学治疗而烦恼和进行医学治疗做区分，为其能带来平静而感到感激，二者是不同的。

你知道你是自己能量本源的延伸吗？你知道吗，你身上的每个细胞都在召集生命的力量，它们知道应该去做什么。当它们单独或集体交流并发出请求时，能量本源会应答它们，而这种状态就是医生们所表达的"活着"，实际上，这只是一个过程。

那么，你的细胞——如果你还不确定是否得了糖尿病——你身上的细胞很清楚应该如何保持躯体的正常运转，如果你不做些妨碍它们工作的事情，你的身体会继续运转良好。细胞会相互对话，如果出现一点不平衡，它们会自行调节，所有的工作都完美地进行着。

有时你会想吃些不同的食物，这是因为你的细胞正需要一些只有这些食物才会含有的营养。你知道，你的化学工厂能够消化这些食物，然后提供这些细胞所要求的营养，这是你的躯体进行的一个奇妙的过程。

当你被诊断出患有糖尿病时，其实你已经经历它有一段时间了，只是现在它使你感到烦恼和厌恶。如同每个人时时刻刻经历的一样，你同时经历两种过程：你会经历处理你有形躯体的物质旅程，以及在此之后你如何看待这种处理过程的情感之旅。

很多时候，这会引起太多的疑惑。人们会说："您这不是在鼓励不作为吗？既然您告诉我们是思想在创造，那行动应该如何适应它呢？"我们说，行动是你经历生命体验的一种快乐的方式，我们不是在引导你偏离行动。

有人暗示，物质世界的行为或表现是不同于精神世界的。而我们想要告诉你，你周围的一切事物都是本源的延伸——一切都是存乎于心的。

所以通常，物质的人们会认为我们试图让你们停止行动，而只存在思想。他们认为："我应该通过思想来修复我受伤的躯体，我不需要医学治疗，我在使用一种落后的治疗方式。"我们希望你理解，你就是真实的你，而真实的你一切健康。既然处在行动之旅，我们会继续采取医学治疗，会继续提供这些行动，正如你现在所做的一样——但我们也需要对情感之旅给予认真的关注。

比如说，一位患有关节炎的女性，她可以因她的髋部患有关节炎而感到恐惧，也可以因她的髋部患有关节炎而感到充满希望。而选择恐惧或是希望，会直接决定痛苦是否会很快离开她。

所以，不必为你正在从事的行动感到担忧。你在这里，在你的躯体里，接受着医学治疗，这很好，不要因为治疗结果怎样而责备自己。我们非常希望你明白：你就是你自己，不论你现在处于什么状况，都是好的！

你认识那些已经康复的人吗？

客人：不，我不认识。如果没有这样的人，我希望成为第一个。

亚伯拉罕：你知道吗，确实是有人康复的；有人可以迅速减轻自己对医学治疗的依赖；有些人改变了自己的振动，他们的身体开始生产出他们所需的胰岛素。你知道他们就生活在这个世界上吗？所以，你可以说："宇宙啊，我希望你能给我发送些相关的资料，我希望能够得到些信息，给予我充满希望的感觉。"当人们说"我希望成为第一个"时，这些话是空洞的，因为他们不确信自己能成为第一个。当我们告诉你确实有这样一些人存在后，你是否感到了宽慰？

客人：是的。

亚伯拉罕：你是否充满希望地认为，你会获取一些能使你更加宽慰的信息？（客人：是的。）好了，刚发生的事情是，你开始对合理地怀有希望充满信心。因为你对怀有希望充满期待，你的能量源泉就改变了。

那么，如果有人走进这扇门，第一次遇见了你，问候你"嗨，您近来如何"，您将怎样回答？

客人：好极了！我渐渐好起来了。

亚伯拉罕：你还会说其他的话吗？如果他问"您的真实感觉如何"，你会说什么？

客人：我在期待那一天的到来，我在期待……

亚伯拉罕：或者说，“我充满希望！”

客人：是的。

亚伯拉罕：“我充满希望。”现在，如果你希望更进一步，现在就是个好时机……你充满希望。当你说“期待那一天的到来”，那些天你感觉如何？“我的躯体达到了契合。我做了个体检，得知我的状况正在改变，医生鼓励我继续进行治疗，而这却不能真正鼓励我，因为亚伯拉罕已经这么鼓励过我了。我意识到我可以保持继续治疗，于是，我得到了那些我需要的胰岛素，以保持我处于稳定的身体状态。同时，我也在进行着情感之旅。我不仅充满希望，而且非常乐观！我能感受到周围的事物在发生改变，这些改变很令人激动，因为我可能会成为那些无人能解的医学奇迹，这只有我自己才能理解！因为我经历了情感之旅，我自主选择了这样的感受。

“每天早上，当我起床的时候，我会沉思一会儿，然后散散步，做一切能使自己高兴的事情，我疯狂地感恩。我有意识地使自己感到高兴，因为我一生中头一次明白，我感受事物的方式决定了我的躯体的细胞能否得到它们的所求。最终，我得到了我一直想要得到的东西，我超脱了！我正在接纳健康来到我的躯体。”

“现在，我预感到这意味着什么：我将经历物质的契合。我的体重开始减轻，周围的人都发现这个改变很明显。我积极的态度已经得到了提升。大家也都会很快注意到的。他们还将会看到我身体状况的明显改善。医生们给我做了检查，‘天哪！’他们可能感到欣喜，而我看着镜子中的自己，感觉好多了。”

“最重要的是，我期待着我想要经历的生活，我要活下去。我会努力的，我觉得我完全能够做到。我不必一次做到全部，也不必一次理解全部，我只需理解，此刻怎样比以前感觉更好一点。”

“现在我要谈论美好的东西，而不是糟糕的。我不会和那些总谈论‘因为所以’的人混在一起，我会和那些能够忘却这些问题的人待在一起，或者与那些能谈论一些令我感到愉快之事的人在一起。我不需要任何人的怜悯，我也不需要别人帮助我找回我自己。我不会再使用这些东西来作为我不幸的借口，我就要走运了！”

走到这一步，你就完成了。

客人：谢谢您，谢谢，我很遗憾这件事这么费劲。

亚伯拉罕：你对我们而言充满着希望。“您生命中最重要的转折是什么？”“是从恐惧走向希望的那一天，我永远记着那一天。我得到了希望，再也不会回到绝望了。这就是我的人生转折，是我开始充满希望的那一天。”是的，这改变了一切。

为什么在埃及没有亚伯拉罕的教导

客人：谢谢您能给我这个机会。我有些紧张，但我有个问题要问。我来自中东的埃及，那里振动系统似乎有些微弱。我想知道，为什么在埃及或中东，人们没能拥有亚伯拉罕或类似于亚伯拉罕的团体，来为他们提供了解另一种生活方式的机会呢？为什么这样一种精神，不能与这个世界上那些急需抚平创伤的人们共享？

亚伯拉罕：事实是，如果埃及的某人、很多人或者一个人有求，能量本源就会有应。所以，问题不是“为什么没有给予”，而是“为什么没有收到”。我们希望这样说能安慰你：在一个时期，世界上的某一个地区可能会比所有其他地区经历更多的个人启蒙。其实，埃及并不是一个完全缺乏与能量本源联系的地方。

所以，应该停止抱怨“为什么事情没有变得更好”，我们要开始从你的优势出发，想象事情正在变好。因为这样做会使更多的人真正变好。

埃斯特就是一个笃信快乐生活的人，她碰巧嫁给了一个对问问题乐此不疲的人，她的丈夫从没停止过问问题。到今天，他已写下了无数个问题，比在座各位的加起来还要多。他会细读他的笔记，陷入沉思，回答这些问题，接着再重温一遍，然后他会和埃斯特谈论这些问题。这种座谈，就杰瑞的角度看，只是刚刚开始，接下来他会删减笔记，写成编辑过的版本，还会就座谈内容写一个更长的初级版本。然后，他会将之送到科罗拉多州，那里有人会将这些内容逐字誊写。他再把它们取回来，仔细阅读每一个字。可是，他的问题依然没有得到满意的回答，因为在产生每个答案的同时，又会从中蹦出新的问题。

所以我们希望你能接受，问题是源源不断地产生的，新问题总是层出不穷。这个星球上所有的地方都存在这种联系。

事实上，很多人都害怕面对真正的自己，因为当他们为成为真正的自己而感到安全时，周围那些感到不安的人会阻止他们。那些不知道的人的数目始终超过那些知道的人，而那些知道的人却拒绝承认他们知道。你会问：“他们为什么不知道？”我们说，其实他们已经知道了，他们还可以再知道一次，只需要一些小小的启发。所以不必担心，秘密早已泄漏了。

你要做的是，适应一个更适合你的位置，你信任的位置，这是你希望的来源。你要相信，只有那些振动更接近学生的老师，才能引起学生的注意，才能使他们听从。

这就是思想的优势地位！也就是思想现在所处的阵地，它可能令你很满意，但未必令大多数人满意。优势地位上从没有过太多人，但这并不意味着所有其他人所处的位置就不好。不要责备自己没有处在时刻保持乐观的位置上，对你现在所处的位置保持心态平和，事情就会好起来的。

这就是我们想对他们说的话。我们会试着安慰他们，会试着说你做的是对的；我们不会责备他们愚昧落后，或是生活在黑暗中；我们不会为他们贴上低振动的标签。我们会说，这只是不同的振动而已；我们会说他们还在“求”；我们会退一步，承认他们的真实情况：他们还在寻觅。

这个星球上不止存在一种正确的生活方式，也就是说，我们不会公开宣称我们的教导方法更为有效、更有价值、更强大、更重要或是更正确——但这的确是不同的。不是吗？

客人：非常感谢您。我对此非常感激，谢谢您。

亚伯拉罕：不客气。

想得到百万美元却不想为之努力

客人：您好，亚伯拉罕。我曾在磁带中听到你说，我们并非生活在一个注定的世界里，我们可以通过思想获得任何事物，那么……

亚伯拉罕：世上没有注定之事。

客人：那我怎样才能在想得到一切的同时，不必有所作为？例如我想赚一百万美金，但我不想去为之努力。

亚伯拉罕：你的叙述很生动，也很重要。因为你所说的是："我希望得到一百万美元，而且我相信有一种方法能够不付出努力就得到。"所以，你现在就仿佛在说："我想这样，却不愿意这样。"你已建立起一种悖论。

你应该这样说来缓解这种状况："我希望得到一百万美元，而且我要找到一种顺我心意的方法来得到它。"这样就会有更少的阻力。你说："我希望得到一百万美元，而且已经有很多人拥有了一百万，他们得到这一百万的方法不会不适用于我。"但你说："我希望得到一百万美元，但我不会从任何人那里继承这一百万"，或者"我希望得到一百万美元，但我不知道哪个即将死去的人会把一百万留给我。"你要停止思考这样的悖论。

当你思考想要什么以及为什么想要的时候，会比你思考想要什么以及怎样得到它有更少的阻力。因为当你提出一个你没有答案的问题时，例如怎样、哪里、何时、谁，你体内会产生矛盾的振动，减慢一切进程。

感受一下这样的说法是如何减少阻力的："现在在这个星球上，一定有很多人拥有一百万美元，而更多的人此时此刻和我想法完全一样，他们希望得到一百万，但却不知应该怎样去得到它。"

类似于"信念"和"信任"的字眼在一定程度上是有些恼人，但我们希望能解释清楚它们的价值。因为即使你不知道怎样、哪里、何时、谁，但如果你知道"什么"，思考过"为什么"你想得到它，并反复温习这种想法，直到这件事对你而言非常熟悉，那么，之前从未在你身上发生的事情，就要开始发生了。之前你从不会想到的主意，开始在你脑海闪现；与之前从未接触过的人的互动，也开始发生了。于是，当一百万甚至更多的金钱向你涌来时，你会纳闷它们曾经在哪。

客人：我在想，如果我试图创造一些大事件时，我想得到的和我所处的位置相去甚远，这不就会导致沮丧吗?

亚伯拉罕：一百万与你现在所处的位置绝对不会遥远，这一目标甚至还不够大。埃斯特曾听到过一个百万富翁的口头语，例如："噢，这真是势不可挡；噢，这定会成功；噢，这真是史上最杰出的建筑，我们正在建设芝加哥历史上最漂亮的建筑；噢，这真是伟大。瞧，那人是我的一个朋友。"当埃斯特听到这些话时，她意识到，他明白一切，他冒犯所有人，但是你知道吗，他根本不在乎！他已经在他想得到的和他所处的位置之间建立起了联系。

即使他想得到的和他所处的位置不能吻合，你在听他谈论的时候也觉察不到。也就是说，他继续按照他希望的结果讲他的故事，于是宇宙继续向他屈服。会有很多人说："噢，他是个吹牛大王！噢，他当然可以那样说，因为他就是个百万富翁。"但我们说，他并不是生来就是百万富翁，他是在那样夸口之后变成了百万富翁。

你不必追随他的生活方式或他的性格，但你确实需要遵守他所发现的成功法则：你要谈论你想得到的东西，你想要它变成什么样子，就去那样谈论它。你不能仅仅去面对现实，要想方设法改变现实。你要面对现实中你满意的部分，将不满意的空白用你的想象或期望去填满。

所以，你的生命中有很多美好的东西。你强调、谈论、欣赏这些东西，并将他们一一列出。你列出所有的积极方面，然后进行虔敬感恩。不论何时你都能看到事物好的一面，你竭尽全力让自己感觉良好。

继而你有了目标，但你不知道如何才能达到它。你用想象力、视觉化和假装填补它们。当你开始着手去做时，你会有个梦想，使得这一切更加真实。或者，你会碰到一个人，真正像你梦想的那样生活的人；当你打开电视时，有人正在谈论你梦想的生活；或者，你会恰好读了一本书，恰好听到一次访谈……总之，宇宙会帮助你和你的振动吻合，最终使你得到它们。

宇宙不能分辨出谁已经拥有了一百万美元，谁自我感觉他们会拥有一百万美元。当你感觉你拥有了，你的振动会使得吸引力法则将你与你想得到的东西联系起来。不论你是要建立一段感情、一个帝国还是建立一些商业上的关系，这一法则始终奏效。不论你想得到的是什么，你都要找到它的振动，然后反复发出这样的振动，直到你愿望的振动超越了怀疑的振动。当你愿望的振动超越了怀疑的振动时，“嘭”地一下你的愿望就实现了！你还会问它：“你之前去哪了？”

你所希望的事情在你得到这种感知之前是不会来临的，而且这种感知并不会轻易来到，因为你一直在反复发出不知道的振动。

你经常不愿承认你的感觉，因为你担心其他人会对你的感觉说三道四。所以，你要和那些确实理解你的人谈话，或者干脆守口如瓶。

杰瑞几年前写了一段话：在你的点子成熟之前，不要向任何人吐露。因为他遇到过很多人仅仅因为一个点子而被解雇，而这些点子都是新颖的，但他们没能反复思考这些点子以使之居于主导。所以，这对他们而言还是实验性的。在这个点子得到支持之前，他们会回家与其他人讨论这个新点子，其他人的怀疑和消极评论都会激活这人体内的陈旧振动，于是一切都完了。因为能使他们富足的种子在还没有发芽之前，就已经没有了生长的土壤。

如果你有能力想象，这个宇宙就有能力把它给你。感知它，感知你想得到它，有求于它，这是第一步和第二步。因为一旦你有求，宇宙就会有应。现在，你只需要跳出来，接纳它。

我们还想告诉你一件事，当你说你想得到它但不想为之付出努力，我们认为你的交叉目的在于：你不喜欢做为达到目的必须去做的事，但你又不相信自己能通过其他方式达到目的，这就是矛盾所在。

你对宇宙所说的是："做到这件不可思议的事情。"所以你要做的是，找到不会让你感到不可思议的方法。做点小调查，找到赚钱的多种不同方法，换言之，给自己一些相信自己会得到想要的东西的理由。

客人：好的。非常感谢你。

亚伯拉罕：不客气。

你有拯救别人的责任吗

客人：我的问题是关于责任的。我听您说的一直是怎样照顾好自己，然而，难道我们没有责任去帮助那些我们有能力帮助的人吗？

亚伯拉罕：我们很喜欢你使用的贴切词汇。"难道我们没有责任去帮助那些我们有能力帮助的人吗？"如果我们在这里振动，他们在那里振动，你确实没有多少可以帮助他们的。也就是说，如果他们不在你的振动范围附近，他们是听不到你的。

一个老师、一个教导者、一个治疗者、一个帮助者，只有在有能力了解他所要帮助的对象处在怎样的振动位置上时，他的帮助才是有效的。所以，你要调整你的振动，使之与被帮助者尽可能地相近，同时又不失去自己的平衡。换句话说，你要保持与能量本源的振动契合，以此来帮助他们，不能跳出这个振动范围。

我们坚持认为，这一切所谓的责任，都基于吸引力法则。有时人们会谈论正义或非正义，而我们认为，从来没有非正义，因为发生在一个人身上的一切都与他所发射的振动有关。你能提供给别人的最大的财富，就是帮助他们理解，自己才是生活的真正创造者。他们正在发射一种振动，而他们发射的振动会捕捉到他们想得到的结果。

作为孩子就必须要感到不得体吗

客人：早上好！非常感谢你们，埃斯特、杰瑞和亚伯拉罕。我听你们的录音已经有十个月了，从那时起，我的生活就开始改变了。我的问题是，在我的一生中，你们都在哪里？

亚伯拉罕：在振动的契约里，就在幕布的另一边，等待着幕布的拉开。

客人：我当然知道这个答案，因为我不停地听你们的录音。我真正的问题是，两个月前我们谈话时，我说我不想再来了。您说："噢，那可太糟了，你别无选择。"

亚伯拉罕：记录员哪去了？你是在复述。

客人：是啊。

亚伯拉罕：这是我们的意思。你是对的。

客人：是的，是的。我在来这世界之前，会说："我想来到我的生命中，来到这个世界，与振动契合，创造精彩人生。”但当我来到这里，如你所说，结局却经常是：无法想象的逆境使得我们忘掉了那些我们来之前就已知的美好事物。所以，我……

亚伯拉罕：我们理解。我们也很庆幸能时常与人们进行这样的谈话。因为当有人十分专注于这一想法时，也给了我们用一种新的方式来阐述的机会。

在你来到你的有形身体之前，你不会这样说：“我将要去往一个物质的时空，在那里我能找到在恶劣环境下生存的方式。”你热切地想前往这个世界，你拥有极度的自信。

确信能够立足的感觉——自信和渴望的感觉与恐惧的感觉是不同的。你很难在一个恐惧的处境中回忆起自信，或者在一个愤怒的处境中回忆起欢乐和激情，这是完全不同的振动。

我们可以交谈很长时间，但却不会有任何进展。因为当你将整个世界视为艰难的、困苦的、令人难受的、充满恶意的地方时，当你专注于这一切时（我们不认为你会编造这一切使自己变得痛苦），你会听不进关于另一种可能性的任何话语。

但我们一直等着告诉你，至少让你接受，当你决定来到这个有形世界时，你处于渴望的振动时所产生的真正价值。而你说：“行，我明白了，我那时确实充满渴望，我希望能降生到这个世界上来，但它为什么又改变了呢？”我们想告诉你，它改变，是因为你的周围充满着这样一些人：他们已经忘掉了自己感觉事物的方式——他们总是运用外在的环境和导向来引导他们作出决定。

一两天前，埃斯特打开电视，检查新房车上新装的卫星天线。她看到电视里一个心理医生正在给一个年轻人做治疗，那个过程非常残忍，治疗师逼着年轻人说出他的秘密。几年前，年轻人因为这件事向一台测谎仪撒了谎，于是现在他被逼着说出秘密。为什么他不承认自己的罪过、失足？承认是一切的第一步。

埃斯特直接把电视关上了。她想，有那么多的规则你必须遵守，有那么多的人在你没按照他们的思路做事情的时候，就准备衡量你、评价你行为的不恰当……很多人都与他们自己的幸福感觉相去甚远。

埃斯特希望自己能进入电视，拥抱一下那个男孩，对他说："不要听他们的，你不是个坏孩子！"她多想告诉那个孩子，他们并不理解真实的你，不要听他们的。

我们给你的答案是，你们中许多人都已经开始听从身边的权威，而不是听从你们生来就具有的导向系统。下一个逻辑问题是："这种导向难道不应该被重新树立吗？我们的导向系统难道不该变得更清晰吗？"我们说，你的导向系统已经足够清晰了：你知道什么让你感觉良好，什么让你感觉不好。你可以回忆一下最初的记忆，你会记得，第一次揪心的感觉，就是来自于某个人对你行为的指责。

我们想，你们中的很多人可以坐下来，把这样的经历写成一个清单，即某时某地某个人说服你承认自己是不好的。而且在很多情况下，这个人已经说服自己承认自己不好。

我们想要说的是，你生来就有导向系统。但现在，我们听到很多的人说的却是："为什么我不能使用我与生俱来的导向？"我们不希望你这么说，我们非常希望听到你说："我马上开始使用我与生俱来的导向系统。"接下来将会发生的是，你会处在一个强大的位置，你提炼出所有的对比经历，向未来发射无数的愿望之箭。现在，当你逐渐开始契合，你们中的大多数人一般都会说，先前我说的每一样可怕的东西，现在我都很感恩——因为它们令我明白怎样去渴望。现在，我成了我渴望之物的接收者，正因为如此，我的生活变得更加富足了。

所以，我们希望和你进行的谈话，不是关于这套理论是对是错，我们希望和你进行的谈话是："在我的此时此刻，我怎样能缩小求与应之间的距离？我能信任这条自然界的法则吗？我怎样能清楚意识到我的振动行为，以使我所希望的幸福到来？"

当你到达这一境界时，那些热切的希望就会回来，这就是人之初所能感受到的东西。杰瑞和埃斯特一两天前曾去过一家位于俄勒冈州的赛百味三明治店。埃斯特正在排队点餐，杰瑞在店里的一个小隔间坐了下来，看着埃斯特排队，同时也观察着排在埃斯特前面的一家人。这家人有父亲、母亲和一个看上去大约四岁的女儿。

小姑娘感觉到了杰瑞对她的欣赏，于是转过头来冲着他微笑，杰瑞也冲她微笑。然后，小姑娘偷偷躲到柜台后面看着他，杰瑞就用帽子遮住自己，她又躲了起来。于是，杰瑞藏到了桌子后面学狗叫，接着小姑娘学起了猫叫。她的父母买好了三明治，正准备离开。正当她父母朝别处望去时，小女孩冲了上来，杰瑞还没来得及站起来，她一下抱住了杰瑞的肩膀，把脑袋靠在了上面，给了他一个拥抱，然后跑开了。

埃斯特说："她还处在知道什么是幸福的阶段，她与真实的她有着振动的契合。她认出了与她相同的振动。"她与自己的振动相契合，显然还生活在一个没有被教导"不要与陌生人接近，陌生人都是坏人"的环境中，她生活在一个没有防备的世界里，而在这个世界里，她依然能追随自己的内心。

我们不在乎你的年纪，请继续追随你的内心，暂时忘掉你应该怎么做，你会重新发现它的，因为回归与真我契合的感受是一个不可回避的体验。一旦你有意识地这样做，你再也不会失去它了。

所以我们真正听到的问题是："为什么它会发生？"我们说，它就是会发生。你说："但不应该是相反的吗？"我们说，不，这就已经很完美。你会说："但我的导向系统本来不是应该更强大吗？"我们说，你的导向系统一如既往的强大，但它不是一位操控者，而是导向。你说："难道我不该生在一个更好的环境中吗？"我们说，如果这样，你就不会成为真实的你了。你说："这难道不该更容易些吗？"我们说，是啊，但这都取决于你。你说："此刻应该容易些了吧？"我们说，是的，这还是取决于你。

换句话说，我们可以坐在这里，继续与你的物质的余生抗争，或者与之妥协。

客人：我已摆脱了抗争。我的下一个问题是，我们中的大多数人都已抗争了很久，但这接纳之术，这种振动的契合，似乎依然是个秘密。为什么这还会是个秘密？

亚伯拉罕：秘密已经泄漏了。其实这从来都不是个秘密，之所以成为一个秘密，只是由于人们相信其他人胜过相信自己。这是由于一个小生命会降生在一个有大人的家庭中，这些大人总以为自己掌握着标准答案，或总想保护他。但同时，从更广阔的精神角度来看，这也是缺少形成愿望的对比经历的后果之一。

你要掌握这一点：这是一个不断演化、扩展的宇宙，在这个宇宙中没有人是全知全能的。在天堂里并没有一群天使理解什么是完美的人生，并说道："到有形世界中去吧，孩子们，像我们一样去生活。"根本不是这样的，宇宙必在扩展，以使其继续延续。

所以，扩展带来对比，对比带来不和、怀疑。举个例子：假如你是一名厨师，当你处在一间物资储备丰富的厨房中时，会比处在一间只有三种调味品的厨房中更高兴。其实，厨房储备丰富，并不意味着你要把所有的东西都加入到你做的馅饼中，但这确实会给你很多不同的选择。

这就是为什么我们要与之妥协。“这个对比的世界就是它扩展的全部意义，其中的对比使得永远变成了永恒。而我们总是生来就具有导向系统。”悲伤时你会失去导向感，但我们认为，你们并不会像自己想象的那样失去很多的导向感。你知道什么时候自己的感情受到了伤害，什么时候自己感到愤怒，什么时候自己感到无力，我们认为你都知道。

我们认为现在你该把这种感觉都找回来了，我们也希望你能同时达到这种境界。我们不只是告诉你，我们在告诉所有人——只要你因为任何人、任何事抱怨，你就是无力的，因为这说明那些人或事拥有比你更强大的力量。但事实上，没有人比你更强大，因为没有人能替你振动。

吸引力法则仁爱地回应每个有求于它的人，所以，不要因为那些没有收到你回应的人而感到痛苦，就好像你不能强迫他们进食一样。我们在很久以前就已经放弃这样做了。作为老师，我们理解，在学生的理解范围之内才是有效的。

所以，我们只把吸引力法则带给那些准备好接受这一法则的人们，我们也相信吸引力法则能带给其他人他们准备接受的东西。他们并不像你所想象的那样在遭受痛苦，他们不是你。

他非常感激他的成功

客人：您好，非常感谢您叫到我。我昨天早早地睡觉了，我觉得，当我睡着时，我能看见您召唤我，我能感受到这种感觉，我非常感激它。您对我们的帮助特别大，自从遇到您后，我们的生活发生了一百八十度的大转弯。

亚伯拉罕：美好的事物要到达你身边需要很长时间，因为你渴望它们，你值得拥有它们。我们所做的一切，只是略微加速了这个接纳的进程。

客人：谢谢您！我现在想做个小小的虔敬感恩，因为当我听您的磁带时，我最感激的是听到人们说，他们从中学到了一些东西。我想感激杰瑞和埃斯特以及亚伯拉罕三人组。我也想感谢我的妻子，她根据你们的教导练习获得了巨大的进步，这使得我专注创造我们能够做的事情，并热爱我的生活。

我想就已发生的事做个背景介绍：在我遇到她之后，我们从负债累累到能用现金购买一套房子；我的公司不太景气，事实上，就在我遇见她的前一天，公司分崩离析，现在，她使之复兴了。在过去，我所做的每件事都是错误的，当我遇到她之后，我们将您的方法，包括接纳之术和情感之旅都付诸于实践，于是，我们所做的一切决定都是正确的了，一切都好起来了。同时，我们开始达到契合状态。我进入了契合，开始放弃那些曾阻碍我成功的不良嗜好，我想感激这一切。

我们做到这一点的方法是，听从、练习、感激您的教导。我们得到了一张 144 万美元的支票，于是在一艘游艇上开始了我们的蜜月，这真是太令人惊喜了。之后，我们建立起了一个幸福的绿洲。

我母亲的意志常常对我产生消极的影响，我与之划清了界限；我的父亲对金钱的消极渴望也使我固步不前。而接纳一切美好的方法，就是摆脱所有消极，让宇宙来接管一切。

现在我们一直在旅游，我们有很多美好的经历，所有的富足都从中而来。这就是我的虔敬感恩。现在，我的第一个问题是，亚伯拉罕，您与我的区别在哪里?

亚伯拉罕：无足挂齿。在你的虔敬感恩中，你与真实的你保持了振动的契合，所以我与你毫无差别。

客人：这令我很感动。这种联系真的很棒，我怎样才能加强这种意识?

亚伯拉罕：寻找这种意识，不要因为你暂时没有发现它而感到沮丧，当它存在并欣赏它，直到最终，你始终坚持的东西成为了这种联系。那时，如果它还不存在，那就真是怪事了。

客人：你说的阻滞，当它不在的时候，是否与时间有关？时间等于阻滞吗?

亚伯拉罕：不，时间是另一个话题。阻力并不必要，因为你已经来到一个时空现实。但很自然的一点，当你不在优势地位时，阻滞会比你在优势地位时要大。阻滞在没有优势地位的地方会易于存在。

这与你刚才说到的有关，你说事情进展得很顺利，所有问题的答案都被一一揭晓，一切都完美地展开。我们很高兴听到这些，但我们也要提醒你，你不会再做错，你也永远不会完成它。所以，尽可以放宽心，给自己一点余地。

当你从不能像现在这样强烈地接纳，到突然能综合起一切并开始接纳（例如你们两人的相遇），这些情况会很常见。有时你会试图将自己保持在严格的、不自然的水平，以期保持这一势头或者保持完美，然后你又因为没有做到这些而抓狂，好像你又回到了从前。

我们希望你放松，明白你是不会回到从前的。你已经走了很远了，但你会时常偏离到接纳减少的境地，这完全正常。实际上，这所有创造性的尝试都在于新的对比，新的对比会产生新的愿望，尽管一开始会有些奇怪，但接着你会与之产生契合，在这一契合下会有更多的活动发生……

换句话说，你永远不会明白这其中的原理。但你不必永远处在一个完美的时间和地点——这就是乐趣，是冒险的一部分。它永远都会变成你希望的样子，而且会很迅速，如果你能对它产生的任何结果都保持放松，它还会来得更快。

我们很高兴看到杰瑞和埃斯特处于这样一种心境中，他们不再为了完美的生活处心积虑。我们曾通过一次次的讨论会慢慢渗透地帮助他们，但每次他们都会搞砸。我们不是要将他们树立为完美的典型，我们将他们挑出来，作为热爱对方和生活的人们。他们正经历着一直以来他们希望经历的；他们总是感觉良好，只在少数时候感觉不那么好，但他们知道这时应该怎么做；他们总能找到平衡，像所有才华横溢的艺术家一样。你总在寻找平衡，记住，你总能找到它的。当你暂时失去平衡的时候，不要恼怒。

客人：好的。谢谢您。

希望更爱她的快乐自我

客人：我感到很兴奋……我的问题，我的愿望，在此时此地就是：我怎样才能更喜欢自己？我怎样能使自己更有价值、更开心呢？尽管我已经比以前更进一步了。

亚伯拉罕：这一问题的大部分已经解决了，因为每个人都很自然地热爱自己。以你自己的方式去感受是件非常正常的事，这个你指的是能量本源的你，它热切地来到世上，热爱它所见的一切。也就是说，本质的你，你的能量本源，你的灵魂，是爱。而你产生这个问题的原因，是因为你训练自己担心这个那个，担心这个人那个人对你的看法。

我怎样喜欢我自己？这个问题的答案是——停止不喜欢你自己。爱是人类的自然状态。

比较是件有趣的事，因为比较在定义偏好时是必须的。你能感觉到下面两者的不同吗：面对所有的一切说是，以及面对所有的一切说不？

我们曾讨论过能量平衡。我们希望你意识到，当你专注于激活一种振动时，只有你说“是”，它才能被激活。你激活了你希望得到的事物，并且发射出振动，能量本源会对之产生应答，一切便顺利地展开。

但在这个吸引力的宇宙中，没有命中注定，没有违背吸引力法则的例外。你不能通过对一件事说不把它赶走；当你对它说不，它还是会来。因为对它的注意力是在“求”，它激活了与它等同的事物来到你身边，同你所求的完全一样。所以当你见到一堆想要和不想要的事物，如果你说“我希望得到这样，不希望得到那样”，那么你两样都会得到。“我喜欢我身上的这一点，但我不喜欢我身上的那一点”。于是你激活了所有，这时你失去了平衡，失去了清晰、纯净、平衡的能量（平衡意味着与能量本源契合），因为你引进了所有的异物。不喜欢自己的感觉会引进一连串与真实的你不能啮合的振动。所以，不喜欢自己或他人的感觉，拒绝爱的感觉，都是在引进一种不能与能量本源产生纯净联系的振动，这种联系就是爱。对吗？

客人：我希望能对任何人都虔敬感恩，以便能从精神的角度，以全新的自我聆听。

亚伯拉罕："……在我的有形身体里，我认识到我是能量本源的延伸。我发现自己开始理解能量本源，这意味着我是一个纯净的积极能量，本质都是美好的。任何时候，我感到不那么富有激情、充满渴望、充满感恩或热爱自己，都是因为我引进了一些不自然的东西，打破了这种平衡。"

"我因导向系统的跟随而感到非常幸福。它会时时刻刻为我指出某种与我自己相关的能量或事物，可能会使我远离与真我保持平衡的振动契合。"

"我热爱我的导向系统，热爱我的情感。我热爱那些感觉良好的情感，也热爱那些感觉不那么好的情感，因为所有的这一切都是为了帮助我调整自己——慢慢地、温和地、一步步地走向振动契合。"

"我为这其中没有压力而高兴。我热爱我永恒的生命，因为我可以不紧不慢地行动，而一切的回报都是即时的……当我试图得到某样东西并感觉良好时，我就已经得到了。而当我试图得到某样东西但感觉不好时，我依然可以得到我能达到的最好的感觉，这就够了。"

"当我感觉不好时，我不需要再去要求自己感觉良好，相反，我只要求自己感觉比当前稍微好一点就行了。于是，我真的感觉很不错。我爱上了真正感觉良好的感觉，几乎忘掉了不好的感觉。但我不会再因为感觉不好而担忧，因为我知道如果再次感觉糟糕，我可以试着使自己感觉一点一点好起来——我能够做到。”

“现在，我感觉真的很好，我喜欢这种感觉……我注意到那个人为我的感觉良好而高兴，而另一个人似乎并不为我的感觉良好高兴。于是，我不像先前那样感觉良好了。但是，不像先前感觉那么好没有关系，因为我知道像我想要的那样感觉良好，而我现在所处的感觉也是没问题的。我不会因为那个人或者我自己而生气，因为我知道我需要去做的只是稍微感觉更好一些，而且我能够感受到感觉更好一些了——我确实做到了。”

“现在，我感到极度自由，我不再担心感觉不好。因为我知道，从感觉不好到感觉更好的转变是多么容易。但我不会要求从感觉不好到感觉极好这样不可能完成的事情，我只要感觉稍微好一些……这样我就能达到我想达到的任何境界。”

我们的意识取决于我们的物质形式吗

客人：下午好，亚伯拉罕。事实上我有一百个问题，但我只打算问两个，就好像一个魔法瓶只能满足三个愿望。

当我们形成为无形的生命时，需要在那里待多长时间？我们中有人会决定不再回到这个有形的时空吗？

亚伯拉罕：不会的。因为变成现在这样的生命是我们所追求的创造性的极致。你的问题在本质上就有些错误，因为它几乎假定了你非死即生，非有形即无形。但事实上，你是永恒的精神能量，它有时会将一部分能量注入到一个有形的身体中去。

亚伯拉罕是不需要注入一个有形的身体的，我们是集体意志，能够自主流经你们很多人。这就好比电流流经我的房子，驱动电烤箱，但什么时候所有的电流都会进入到一个电烤箱中呢？我们说，永远不会，它不是这样运转的。也就是说，当电流流过电烤箱时，电烤箱会处在一种优势地位的体验中。

这种真实的你的精神能量永远是无形的。它其中的一些会聚焦在你或其他人的身上，另外一些会流传，像亚伯拉罕流经今天这样一个大家参与的场合一样。

意识并不一定需要某种物质形式，但物质形式一定需要意识。意识喜欢一定的物质形式，是因为物质形式是思想所处的优势地位，所以，意识通过物质形式得到延展，但这不是非此即彼的。

所以，你的内在自我可以同时流经你的身体和意志，这一相同的精神能量也能流经其他人。你把这称作“灵魂伴侣”，或者“双生思想火花”，但你总是舍不得使用它。你通常假定他们只有一或两个，但他们其实是成群结队而来的——你是一串意识流，同时拥有所有的经历。

准确地说，你是所有专注于这个星球的有形人类的灵魂伴侣，因为我们全都来自相同的精神能量流，并且你们都希望能经历和面对他人的世界——这刺激了每个个体为了共同的利益产生自己的偏好。不是吗？

客人：是的。谢谢您。

亚伯拉罕：你们所有人都不应该惧怕死亡，要停止对死亡的担忧，因为它不可避免。你们惟一需要担心的一件事，是不能接纳追随你的能量本源。换言之，感觉糟糕是你应该担忧的惟一一件事，但你不必为之担忧了，因为你已经能够控制这种糟糕的感觉了。

当埃斯特在录入最近一次讨论会的记述稿时，有一篇记述的是一个母亲因丧子而悲痛万分，并责备自己不是一个好母亲。当埃斯特输入这些文字的时候，她心中隐隐作痛。你觉得对此束手无策，这是多么可怕的压力，多么糟糕的感觉。这位母亲的儿子死了，她再也无法将他挽回，她觉得自己再也不会高兴起来了。儿子的离开是对死亡的极度恐惧……感受到一些厄运会降临到我爱的人身上，我再也不能将我的快乐自我带回到我希望的地方了。

埃斯特回忆起了一次感觉糟糕的经历，又想起了其他的一些经历。于是，她开始担心也许还会有一些事情发生，使她再次陷入那样糟糕的感受中，接着她又想起了使她再也不会感到糟糕的惊喜与快乐。她想起了获取知识的经历，这使她不再感到悲伤，于是她对杰瑞说："我很高兴得知我再也不会感觉糟糕了。"

这就像有很多人正等着听到另一只鞋落地一样。他们对生活很满意，却担心会发生一些事情，夺去他们的良好感觉。所以我们希望告诉所有人，这样的事永远不会发生。只要你理解，记住你要选择所专注的事物，你才能选择你的感受。

在他们发现自己生的力量之前，没有人能够消除对死的恐惧；在得以控制他们的振动之前，没有人能够真正发现他们生的力量（我们指的是生活在快乐中）；在得以建立起感受与振动的联系之前，没有人能够控制他们的振动；在向自己展示愤怒比恐惧感觉更好、挫折比愤怒更好之前，在他们知道自己确有力量引导思想来使自己感觉更好之前，没有人能够控制自己感觉的方式。

当你向自己展示你能感觉更好时，你不能一下从这里跳到那里，不能一下从恐惧转为高兴，但是你可以逐步递增——你会重获力量。当你重获这一信念，你对所有事物的恐惧，包括死亡，就会烟消云散了。

客人：谢谢您，亚伯拉罕。

财产继承人的儿子不愿与她对话

客人：我的父母过世了，我与其他亲戚并无来往，所以，没有人来逼我干任何事情。我一直在做情感之旅，大约一天两小时，并不是因为我必须去做，而是因为喜欢去做。您知道吗，这一活动的开展，使我感到很兴奋，它改变了我生命中的很多事情，我觉得自己得到了重生……

我的儿子不愿和我说话，因为他认为我在挥霍所有的钱财，以致在我走后他将得不到一分钱。我没有医疗保险，但我会生病，我会住院，我会因此耗尽所有的钱，于是他就不愿和我说话了。我爱我的儿子，我也为此做了情感之旅。我对此还是感觉良好的，只是我想知道，您是否还会给我一些建议，因为我确实很希望和儿子有一些交流。

亚伯拉罕：如果我们站在你的立场上，我们会对孩子说："有这样一个漩涡，你想要的东西都能通过。但是，并不是通过我们漩涡的一切都必须成为你的东西。"我们还会说："如果你不和我说话，仅仅是因为担心没有东西能够继承，那你的想法是合理的。因为我不认为继承对你而言是件好事，我认为，选择走你自己的路才会对你有利。"这时他也许会说："但你就有继承下来的东西，为什么你继承的东西不能留给我？"这时我们就会告诉他："因为你能与幸福之流建立起联系，我们希望你能经历确定愿望、敞开你的漩涡、接纳幸福之流这样一个激动人心的过程。我不希望你的幸福是建立在我或者任何人之上，所以我在努力和我的财产同时走向终结。”

当他意识到你是严肃的，他会自己决定是否继续与你谈话。但你真的希望和他建立一种关系，是他能在你死后得到什么之上的吗？

客人：不，当然不是。

亚伯拉罕：应该说，你希望与任何人建立的关系，都是基于你与能量本源的契合，以及他们与能量本源的契合。

客人：可是，这就是他想的一切，他总想着钱。

亚伯拉罕：通常都是这样的。

客人：钱来到了我的家庭，然后来到了我手上……这就是他所看到的一切。我会试图说服他的。

亚伯拉罕：你儿子对幸福的期待如果已经确定，就总会在那里。但当他感到你在挥霍钱财时，他对你的愤怒会使得他拒绝幸福向他涌去，所以，如果钱是他的第一财富，或者惟一财富，只有通过钱他才能得到幸福，那么他的幸福正在枯竭——并不是因为你的行为，而是因为他对你的行为的反应。所以，他是否能从你说的话中学到一些东西，依然是个疑问。通常，言传不能教导人。

客人：好的。谢谢您。

对现状感到满意，还是对他人感到嫉妒

客人：您好。您今天感觉怎么样？今天天气很好，不是吗？

亚伯拉罕：是的。我们都很好，好极了。

客人：首先，我想向您和您的教导表示感谢。我觉得这非常鼓舞人心，您网站上的每日名言也很棒，因为它经常能激励我一整天。我需要在早上阅读它，而且，尽管我不完全认识杰瑞和埃斯特，但他们一定是非常非常好的人，他们的字里行间都透着谦逊。

亚伯拉罕：他们的愿望只是他们传达出的信息的延展。他们所希望的是能有无数的人像你一样带着自己独特的视角，达到从未达到过的无穷智慧。这就是他们所想要的——也是我们所想的。

客人：好极了。我对您提到的完美立场，也就是现状表示高兴，同时希望得到更多。有些疑问，我有时有个问题，当我看到有人超过我时，我会感到羡慕和嫉妒，于是，我就会对自己所拥有的感到不那么高兴。因为在那时，我有点想要得到他们所拥有的，但同时，我又不希望去嫉妒他人拥有的财富。比如，当一些名人最终离婚了，我会感到有些幸灾乐祸，因为我发现他们的生活也是不完美的。

我希望能够为他人的幸福感到高兴，而不是对他们的不幸幸灾乐祸。可是，当我听到别人叙说他们的负面故事，或者他们身上发生了些不幸时，会比听到他们走运时更注意听。尽管这两者我都经历过，但我并不想嫉妒别人的快乐和财富，因为如果我能为他们的财富感到高兴，这也会为我带来财富。

亚伯拉罕：刚才你说“对现状表示高兴，同时希望得到更多”，你不能在因你的现状而高兴的同时，嫉妒他人的所作所为，这两者有着非常不同的频率。不论你为别人还是自己保持高兴，都对你自己有利。我们经常对人们说，不要因为别人做了什么而幸灾乐祸，请去帮助他们；这样做其实是在帮助你自己，因为这是对你自己振动的一种调整。

关于这件事我们想告诉你几个例子，因为你混淆了很多重要的东西。你所说的关系到很多人，让我们来谈谈嫉妒的感觉。

在你的生命中，你的生活经历会帮助你找到你想要的东西。所以，当你观察这个世界的时候，你会看到其他人已经得到了你想要的东西。这会直指你的处境和理想境界之间的差距——这就是嫉妒的感觉。嫉妒，是对自己所期望的东西和目前所发射的振动间的差距的激活意识。

提高情感导向系统的尺度对你而言非常重要，这会使你消除嫉妒带来的不快。而当嫉妒带来的不快消除后，你就达到了能量平衡或振动契合。这对你接纳所希望的东西非常必要。

我们想说的第一件事就是（如果我们发现自己感受到了嫉妒带来的不快或消极情绪）:“这是一个好的迹象，因为这意味着我渴望得到一些东西。但这也意味着现在我还没有和想要的东西保持振动的契合，在得到我想要的东西之前，我要首先保持振动的契合。”

我们希望你在意自己的能量平衡，希望你将所有人排除在平衡之外。如果你希望得到别人已经得到的东西，如果你将所得到的东西与他人的进行比较，这会使你发疯，因为总会有人能够专注并吸引一些你所没有的东西。

如果你能不干涉别人的事务，那就专注于自己的事务。你的惟一任务就是与能量本源保持契合，并控制自己的感觉。

我们知道，你拥有消极情绪是因为你希望得到一些你没有接纳的事物，消极情绪通常源于你专注于“别人得到了”这个事实，这会放大你对“还没有得到”的意识。但是，如果这不是你想要得到的东西，你就不会感到嫉妒。这与你和他们之间的关系无关，只与你和你自己的振动间的关系有关——每一分每一秒。

有各种各样的人拥有各种各样的东西……埃斯特和杰瑞每天都会在码头上散步。以前，埃斯特曾经和杰瑞开玩笑说："我很自豪地向你宣布，我不想要一艘船。只有少数几样东西我不希望得到，船就是其中之一。"无论那些船多么漂亮，这都不重要，因为这对埃斯特毫无意义，她没有拥有一艘船的需要和愿望。

这个世界上最豪华的轮船可能会从她身边开过，但埃斯特绝不会因她的现状与船发生的关联而感到一丝不快，因为她根本不想拥有一艘船。所以，无论何时，你的情绪消极都是由于你将发生的事情与自己的愿望建立了联系，这些东西只是通过向你展示，来帮助你理解自己的振动关系。

客人：噢，这很有帮助。

亚伯拉罕在获得一切的时候已经死了

客人：您好。我研究这些原则已经有几天了，一切都进展得很顺利很好。有一个绊脚石我绞尽脑汁也绕不过去，但很多人却能坦然面对，这就是死亡。我对于死亡和死亡的观念都感到恐惧。

亚伯拉罕：描述一下，这是什么感觉？

客人：死亡会失去知觉，会……

亚伯拉罕：不，不会的！死亡只会完全获得意识！难怪你这么害怕，你不理解死亡是什么。它不会失去专注，它只会再度获得无尽的专注。死亡只是使你重新变回更完整、更广阔、更光明、更自信、更幸福的你！

客人：你是怎么知道这点的?

亚伯拉罕：我们是光明的、与智慧契合的、乐观的、被感激的、富有创造力的——我们在获得这些的时候就死了。

客人：那么按照您的意思，确实没有一种方法能提升振动尺度?

亚伯拉罕：濒临死亡的时候，你就知道了。你应该听听死亡时发出的那些沙哑的笑声。尤其是一些即将死去的人们，他们通常会说："孩子，我先前确实理解错了。那些错误都是没有必要的，我那么担忧这本不存在的死亡，以致丢弃了生活中的快乐。"

当你从身体里释放出专注，就会抛弃一切怀疑和恐惧。如同量子跃迁，你从原有的位置直接来到了纯净的积极能量中。你经历这一刻时，所有阻力都被抛开，一切清晰地接踵而来！这真是个非凡的经历！

埃斯特以及你们中的很多人，每天都会自主提升自己的情感导向系统的尺度——死亡的经历就像是顺理成章的下一步。埃斯特（以及你们中的很多人）在很长时间内都拥有接纳能量本源流经自己的优势地位，并且都已经习惯了这种振动，所以她不会感到那些始终经历着恐惧、绝望和挫折的人们所感受到的巨大解脱。

你处在情感导向系统的尺度的哪一个位置并不重要，当你收回你的专注，你会成为真实的你。你有去想去的任何地方的通道，如果你愿意，你甚至可以参加自己的葬礼，你可以重新激活你生命的振动。

换句话说，从精神的角度（你称之为死亡，我们则喜欢称之为蛙鸣以示轻蔑，因为从来都没有死亡），你可以重新激活你的振动，感觉就像是你依然存在于你的有形躯体里。但是你知道吗，从没有人这样做，因为有更广阔的视角会令你无限陶醉。

然后，你会习惯并记住你是谁，与这里你所不认识的人们相熟。当你失去你的物质形态时，只有一件事会使你感到有些不安全，那就是，你的大部分人性会被反向地导向，它们会被抛弃，你只将最好的部分留给自己，而你是不会怀念其他部分的。

通常，在这样的谈话后，我们要提醒你，你还是要保留留在躯体中的渴望。我们知道，当你重新回到无形世界中时，你终将会拥有这样的经历，但这也是一扇双开的门。我们希望你能提升情感导向系统的尺度，这样你就能在此时此地将所有这些都注入到体内。这就是你们来到这里的原因，你们来到这里，就是为了在此时此地生活。

你们来到这里，不是为了攀登阶梯，不是为了得到图表中的数字，也不是为了达到任何形式的完美，以在回去时声称完成了一项伟大的工作。

你正处在思想的优势地位！你是能量本源。你所做的一切，你所经历的一切，并不只是在为时空现实的延展作贡献，而是所有一切的延伸。这种优势地位是无比强大的。

所以，我们希望你不再害怕死亡。人们只有摆脱了对死亡的恐惧，才能好好地过他们的有形生活。我们相信刚才你已经做到了这一点，去实践它吧。

客人：好的。谢谢您。

亚伯拉罕结束了精彩的接纳之术讨论会

亚伯拉罕：我们觉得你们都已经明白了，已经没有什么更棒的观点可以继续讨论了。你们来到这里想要知道的所有事情，我们都以某种方式甚至很多种方式反复回答了。

希望你们知道，我们已经说得很多了……生活本就是充满乐趣的，你们生活的基础就是自由……而扩展是无法避免的……你们都是有价值的生命。如果你能放松心态，找到能使你快乐的事物并专注于它……与最能让你快乐的人们待在一起，这样，你就会感觉非常美好。

生活会以你应得的方式对待你。但是，当你觉得你来到这里是为了克服困难，当你想到你还有目标需要实现，当你想要证明你的价值，当你相信你在为资源而竞争——那么你就扭曲了一切，与真实的你南辕北辙。

我们知道，你们很多人都被教导去做这其中的很多事情，我们能够感受到你试图找出解决方法的挣扎。但是，生活本是充满乐趣的，你也是充满价值的，这是我们的承诺。生活中，放松一些，开心一些，带给生命多一些幽默，与他人多一些玩闹，让事情对你的困扰少一些，对一切都坦然一些，对你周围的人（尤其是你的孩子、爱人和工作伙伴）说些诸如“没什么大不了的”“这真是件荒唐的事”“我为什么要做出荒唐的事情来呢”之类的话。换句话说，任何时候，都要将人生的戏剧、生活的创伤大题小做。

找到最适合你的地方，尽力夸大你的处境，意识到事情会明显好转、立即好转。就这样重复一遍，再重复一遍，再重复一遍。再重复一遍……

这里，你会拥有无限的爱。